ULRICH SCHMID

HEIMLICHE HERRSCHER

FASZINATION INSEKTEN –
SPEKTAKULÄRE EINBLICKE
UND ÜBERLEBENSSTRATEGIEN

KOSMOS

Inhalt

PLANET DER INSEKTEN

Warum ohne Insekten nichts geht

Die Welt funktioniert nicht ohne Insekten. In einer schier unglaublichen Artenfülle und Zahl spielen sie in allen Land-Ökosystemen eine Schlüsselrolle.

— **Faszinierend fremdartig**

Wirbeltiere sind uns vertraut, Insekten begegnen wir dagegen oft mit Misstrauen, besonders wenn sie in Massen auftreten. Feuerwanzen (*Pyrrhocoris apterus*) versammeln sich oft in großer Zahl am Fuß von Lindenbäumen.

UNGEZIEFER?

„Als Gregor Samsa eines Morgens aus unruhigen Träumen erwachte, fand er sich in seinem Bett zu einem ungeheueren Ungeziefer verwandelt." Franz Kafka, „Die Verwandlung" – einer der berühmtesten ersten Sätze der Literaturgeschichte. Er funktioniert auch deshalb so zuverlässig, weil er auf ein wirkmächtiges Klischee zurückgreift, das des Fremdartigen, des Kakerlakig-Ekligen, das häufig spontan mit Insekten verbunden wird. Und oft genug dafür sorgt, dass man lieber draufhaut statt genauer hinschaut.

Lästige Wespen am Kaffeetisch, blutrünstige Stechmücken, die juckende Stiche hinterlassen und, noch schlimmer, lebensbedrohende Krankheiten übertragen können, Wanderheuschreckenschwärme, die ganze Landstriche kahlfressen, Motten in Lebensmitteln und Kleiderschränken, Blattläuse im Garten, Thripse an Zierpflanzen – Insekten haben ein gewaltiges Imageproblem!

Klar, es gibt unter ihnen auch Sympathieträger: Der Marienkäfer, der als Glücksbringer gilt – solange er nicht im Herbst auf der Suche nach frostsicheren Verstecken in Massen Einlass in Häuser begehrt. Die wunderhübschen Schmetterlinge – aber eigentlich nur die bunten Tagfalter und nicht ihre unscheinbaren Geschwister der Nacht, die als Motten denunziert das Licht umschwirren, und auch nicht die Raupen, aus denen sie hervorgehen. Und natürlich die Honigbiene, eines der wenigen Haustiere unter den Insekten, der wir wegen ihres sprichwörtlichen Bienenfleißes Respekt zollen: 100 000 Flugkilometer für ein Kilo Honig! Seit 1912 sammelt die Biene Maja Nektar und Sympathie, drei Jahre bevor Kafka im Jahr 1915 die dunkle Seite der Insekten vorführte. Auf dem Cover des Klassikers von Waldemar Bonsels ist Maja tatsächlich bis heute als Biene erkennbar. Parallel dazu machte das rebellische Bienenmädchen spätestens mit den Trickfilmen der 1970er Jahre aber eine Metamorphose durch, die ihr alles Insektenhafte gründlich austrieb. Neben dem schwarz-gelben Dress erinnern nur noch unauffällige Fühler und zwei winzige Flügelchen an ihre Insektennatur.

Dermaßen vermenschlicht schafft sie es kaum, der weit verbreiteten und manchmal bis zur Entomophobie gesteigerten Abneigung gegen Insekten wirklich etwas entgegenzusetzen. Dagegen hilft nur eins: Sich voller Neugierde und frei von Vorurteilen auf den faszinierenden Mikrokosmos der Insekten einzulassen!

AN INORDINATE FONDNESS FOR BEETLES

Als Gott die Welt schuf, sei eines klar geworden: „An inordinate fondness for beetles" – eine übermäßige Vorliebe für Käfer – müsse der Schöpfer haben, stellte der berühmte englische Biologe J.B.S. Haldane (1892–1964) fest. Das seither in verschiedenen Versionen gern zitierte Bonmot spiegelt eine schlichte Tatsache wider: Käfer sind die mit Abstand artenreichste Tiergruppe der Welt. Mehr als 380 000 Arten sind bis heute wissenschaftlich erfasst und benannt. Um die Jahrtausendwende lag die Zahl erst bei rund 360 000 Arten, das heißt, jedes Jahr wurden 1000 vorher unbekannte Käferarten neu beschrieben. Und ein Ende ist noch lange nicht in Sicht. Zwar sind wir in der Lage, Raketen an den Rand unseres Sonnensystems zu schicken oder ferngesteuerte Fahrzeuge auf dem Mars Proben analysieren zu lassen – die biologische Vielfalt unseres Heimatplaneten gibt uns aber immer noch Rätsel auf. Schon die schlichte Frage, wie viele Arten es eigentlich gibt, ist nicht sicher zu beantworten. Und das, obwohl an dem ebenso ehrgeizigen wie notwendigen Projekt, alle Lebewesen dieser Erde zu erfassen, zu beschreiben und zu benennen, seit Jahrhunderten intensiv gearbeitet wird!

Eine Schlüsselrolle spielte dabei der schwedische Biologe Carl von Linné (1707–1778). Er erfand ein ebenso einfaches wie geniales System zur Benennung von Arten, die „binäre Nomenklatur". Sie wird bis heute verwendet. Jede Art erhält dabei einen Doppelnamen. Der Admiral, einer unserer schönsten Schmetterlinge, heißt zum Beispiel *Vanessa atalanta* (S. 86). Dass *Vanessa cardui*, der Distelfalter, ein naher Verwandter des Admirals ist, verrät sich im gleichen ersten Namen, dem Gattungsnamen *Vanessa*. Er steht zwar vorne, entspricht aber eigentlich unserem Nachnamen. Linné

1 — Ekelhaft?

Küchenschabe (*Blatta*). Kakerlaken in der Küche gelten als der Inbegriff von Verwahrlosung und dienen deshalb nebenbei auch der nationalen Verunglimpfung als Russe, Franzose, Preuße oder Schwabenkäfer.

2 — Bienenfleißig

Die Honigbiene (*Apis mellifera*) ist eine von nur wenigen Insektenarten, die sich eines uneingeschränkt guten Rufs erfreuen. Zur Gewinnung von Honig werden Bienen schon seit Jahrtausenden gehalten.

3 — Populär

Absoluter Sympathieträger, aber vom Insekt ist nicht viel übrig.

— Pure Ästhetik

Unerschöpfliches Farbenspiel und überwältigender Formenreichtum – hier lauter Käfer.

— Familie Papilionidae, Ritterfalter

Das zoologische System ordnet nach Verwandtschaft. Alle Ritterfalter – 32 Gattungen mit 570 Arten – gehen auf einen gemeinsamen Vorfahren zurück.

sortiert also nicht nach „Max Mustermann", sondern nach „Mustermann, Max", ein kluger Schachzug, wenn es um den Aufbau eines übersichtlichen Ordnungssystems geht. Beide, Admiral und Distelfalter, werden als nahe Verwandte in die gleiche Gattung – eben *Vanessa* – gestellt. Die nächste Hierarchiestufe ist die der Familie. Die Gattung *Vanessa* gehört zur Familie der Edelfalter (Nymphalidae), die über 6000 Arten umfasst. Andere Familienmitglieder sind zum Beispiel das heimische Tagpfauenauge (*Inachis io,* S. 111) und der Kleine Fuchs (*Aglais urticae*), die Monarchen (Gattung *Danaus*) und die Morphofalter (Gattung *Morpho*, S. 50). Alle Schmetterlingsfamilien – insgesamt werden zur Zeit ungefähr 130 unterschieden – werden in einer Ordnung zusammengefasst, die Ordnung der Schmetterlinge (wissenschaftlich Lepidoptera) innerhalb der Klasse der Insekten. Mit mehr als 160 000 bekannten Arten können die Schmetterlinge die Käfer zwar nicht übertrumpfen, gehören aber ebenfalls zu den besonders artenreichen Insektengruppen.

UNBEKANNTE VIELFALT

Als Stunde Null der wissenschaftlichen Benennung aller Tierarten gilt die zehnte Auflage von Carl von Linnés „Systema Naturae“ aus dem Jahr 1758. Darin beschreibt Linné insgesamt 312 Gattungen mit 4378 Tierarten. Knapp die Hälfte davon, nämlich 1918, sind Insekten – die Krebse, Spinnen, Skorpione und Tausendfüßer, die Linné noch als Insekten klassifiziert hat, sind dabei schon abgezogen. Die „göttliche Vorliebe für Käfer“ spiegelt sich damit auch in dieser ersten Inventarisierung der Artenvielfalt der Erde wider: Die Käfer führen mit 664 Arten, knapp gefolgt von den Schmetterlingen mit 543 Arten.

200 Jahre später wähnte man sich kurz vor dem Ziel: Mit Bienenfleiß hatten Forscher – Frauen waren lange die Ausnahme – Tiere, Pflanzen und Pilze gesammelt, dokumentiert und benannt. Bei vielen staatlich organisierten Expeditionen, die im 18. und 19. Jahrhundert der Erforschung (und kolonialen Eroberung) der Erde dienten, waren Botaniker und Zoologen dabei, ob bei der „Großen Nordischen Expedition“ (1733–1743) zur Erforschung Sibiriens oder bei den Südseereisen von James Cook, die ab 1768 unter anderem nach Australien und Neuseeland führten. Die biologische Grundlagenforschung war zwar nie der eigentliche Zweck dieser Expeditionen, gleich-

— Forschungsreisen

Im 19. Jahrhundert zog wissenschaftlicher Erkenntnisdrang zahlreiche europäische Forscher (und wenige Forscherinnen) in die Welt und erweiterte unser Wissen erheblich. Diese Schmetterlinge zeichnete der württembergische Entdecker Theodor von Heuglin (1824–1876) während eines Aufenthalts in Äthiopien 1853/54.

— **Schier unendliche Vielfalt**

Die Erfassung der Biodiversität der Insekten ist eine Mammutaufgabe. Wissenschaftliche Sammlungen spielen als Archive der Biodiversität eine wichtige Rolle dabei. Allein hier im Naturkundemuseum Stuttgart bilden 5,5 Millionen Belege in 22 000 Kästen die Grundlage für Dokumentation und Forschung.

wohl war der Zuwachs an Wissen und Erkenntnis enorm. Kaum vorstellbar, dass Charles Darwin ohne die Erfahrungen aus seiner fünfjährigen Weltreise (1831–1836) mit der „Beagle", eigentlich einem Vermessungsschiff, je seine revolutionäre Evolutionstheorie entwickelt hätte.

Die ebenfalls fünfjährige Forschungsreise des Naturwissenschaftlers Alexander von Humboldt (1769–1859) zusammen mit dem Botaniker Aimé Bonpland nach Südamerika (1799–1804) hatte dagegen einen ganz anderen Charakter. Sie fand nicht in staatlichem Auftrag statt, sondern war privat organisiert und ganz und gar der Wissenschaft verpflichtet. Dies wurde zum Vorbild für Generationen von Forschern und Sammlern, die bei vielen oft sehr strapaziösen Reisen eine Unmenge Material und Daten zusammentrugen. Eine Vielzahl von Reiseberichten und Artbeschreibungen entstand. Gleichzeitig füllten sich die Sammlungen der europäischen und nordamerikanischen Museen mit biologischen Präparaten. Mehr und mehr wurden sie zu Schatzkammern und Archiven der globalen Artenvielfalt.

Wie viele Insektenarten es gibt? Das ist nach wie vor eine unbekannte Größe und eine Herausforderung für die Forschung.

Um 1980 waren etwa 1,5 Millionen Arten beschrieben, davon gut 900 000 Insekten. Die Insekten hatten ihre Mehrheit gegenüber der ersten Liste von Linné also sogar noch weiter ausgebaut. Was die globale Artenvielfalt angeht, war sich die Wissenschaft weitgehend einig: Man rechnete mit ungefähr einer halben Million noch unentdeckter Arten, also einer Gesamtzahl von etwa zwei Millionen Tierarten.

Und wieder waren es die Käfer, die dieser Gewissheit ein Ende machten. Genauer gesagt: ein Käferforscher, der amerikanische Entomologe Terry Erwin (1940–2020) von der Smithsonian Institution in Washington. Er veröffentlichte im Jahr 1982 einen nur zwei Seiten langen Artikel, der einschlug wie eine Bombe. Am programmatischen Titel „Tropical Forests: Their Richness in Coleoptera and other Arthropod Species" (Tropische Wälder: Ihr Reichtum an Käfern und anderen Gliederfüßern) ist das nicht unbedingt gleich abzulesen, aber der Inhalt rüttelte die Fachwelt auf.

Was hatte er getan? Erwin erschloss im tropischen Regenwald Panamas die dritte Dimension. Statt wie alle anderen am Boden Fallen zu stellen und den Kescher zu schwingen, kletterte er in die Baumkronen, bei Urwaldriesen von 40 oder 50 Metern Höhe sportlich und sicherheitstechnisch eine ziemliche Herausforderung. Dort nahm er sich einzelne Wipfel vor, die er mit Pyrethrum einnebelte, einem biologisch abbaubaren Insektizid. Die herabfallenden Insekten, Spinnen und andere Kleintiere landeten auf Plastikfolien, die auf dem Boden ausgebreitet waren. Anschließend konnten sie leicht eingesammelt werden. Für sein Experiment suchte Erwin sich eine häufige Baumart namens *Luehea seemannii* aus (einen deutschen Namen dafür gibt es leider nicht). Insgesamt untersuchte er 19 Baumkronen und erfasste dabei rund 1200 Käferarten. Nun sind viele pflanzenfressende Insektenarten sehr wählerisch. Sie fressen nicht jedes Blatt, das ihnen unterkommt. Denken Sie an die Raupen des Buchsbaumzünslers (*Cydalima perspectalis*), eines Schmet-

— **50 Meter über dem Erdboden**

Die Entdeckung des Artenreichtums der schwer zugänglichen Kronenregion der tropischen Regenwälder ließ die Prognosen über die Zahl der Insektenarten in die Höhe schnellen.

terlings, der 2006 in Deutschland eingeschleppt wurde und zum Schrecken aller Gartenbesitzer wurde, oder an die Rosskastanienminiermotte (*Cameraria ohridella*), die Mitte der 1980er-Jahre hier einwanderte und die Kastanien bei starkem Befall erheblich schwächen kann. Beide Arten sind hoch spezialisiert – so wie viele andere Insekten auch. Erwin schätzte vorsichtig, dass 13,5 % der von ihm gefundenen Käfer auf ähnliche Weise wirtsspezifisch waren, also wenigstens zeitweise auf das Vorkommen von *Luehea seemannii* angewiesen sind. Wenn man davon ausgeht, dass auch andere Baumarten eine vergleichbare Zahl spezialisierter Arten aufweisen und weiß, dass auf einem einzigen Hektar (100 x 100m) Tropenwald 70 Baumarten wachsen können, dann kommt man schon für diese winzige Fläche von etwa 1,4 Fußballfeldern auf 12 500 Käferarten! Gehen wir noch einen Schritt weiter: Käfer sind zwar eine überaus artenreiche, aber keineswegs die einzige Gruppe von Insekten, die sich im tropischen Regenwald tummelt. Aus dem Vergleich mit bekannten Zahlenverhältnissen in anderen Lebensgemeinschaften errechnete Erwin für einen einzigen Hektar Regenwald in Panama vom Erdboden bis in die Baumwipfel 41 000 Arten von Insekten und Spinnentieren. Und zum Schluss kommt der größte Sprung: In den Regenwäldern der Erde wach-

— Gut bekannt

Tagfalter wie dieser Grünader-Weißling (*Pieris napi*) gehören zu den auffälligen und gut erforschten Insekten.

sen nicht nur 70, sondern schätzungsweise 50 000 Baumarten, jede einzelne davon mit einem gewissen Anteil nur auf ihr vorkommender Arten! Das macht plausibel, dass Erwin schließlich bei einer Schätzung von 30 Millionen tropischer Insekten- und Spinnentierarten landet.

Terry Erwin selbst war ziemlich schockiert über seine Ergebnisse – wörtlich: „shocked by my conclusions" –, weil sie eine wissenschaftliche Gewissheit so radikal über den Haufen warfen. Aber nichts stimuliert die Forschung mehr als der Zweifel. In der Folgezeit setzte ein wahrer Run auf die tropischen Baumkronen ein, und eine Flut neuer Daten aus allen möglichen Tiergruppen und Untersuchungsgebieten machten Hochrechnungen und Modelle zunehmend besser.

Wo stehen wir heute? Nachdem eine Zeitlang immer höher gepokert wurde und über Artenzahlen jenseits der 100 Millionen spekuliert wurde, haben sich die Hochrechnungen inzwischen bei acht bis zehn oder maximal 20 Millionen eingependelt. Die Unsicherheiten sind aber nach wie vor enorm. Das hängt nicht zuletzt auch damit zusammen, dass es einfach viel zu wenig Menschen gibt, die sich mit solchen Fragen beschäftigen. Und noch weniger von ihnen arbeiten dort, wo der größte Bedarf herrscht, in den Hotspots der Biodiversität im Globalen Süden. Einen weiteren Unsicherheitsfaktor verdanken wir ausgerechnet dem wissenschaftlichen Fortschritt: Die Analyse des Erbguts enttarnt immer mehr sogenannte kryptische Arten, die sich äußerlich praktisch nicht, im Erbgut aber deutlich unterscheiden.

Insgesamt besteht ein großes Forschungsdefizit – auch dadurch, dass sich das Interesse der Taxonomen ungleich verteilt. (Taxonomie ist die Wissenschaft von der Erfassung, Beschreibung und Benennung der Lebewesen und ihrer Einordnung in das biologische System.) Nicht nur Gott hatte eine Vorliebe für Käfer, sondern auch die Entomologen (Entomologie = Insektenkunde), knapp gefolgt von ihrem Interesse an Schmetterlingen – das spiegelt bereits die Liste wider, die Linné im Jahr 1758 vorgelegt hat (S. 9). Andere Insektengruppen blieben nahezu unbeachtet. Je kleiner, je schwieriger zu entdecken und zu bestimmen, desto unbekannter. Zu diesen von der Forschung lange vernachlässigten „dark taxa", also „dunklen Orga-

— Dark Taxa

„Dark" nicht wegen des düsteren Aussehens – diese Vermutung widerlegt die nur wenige Millimeter große Erzwespe *Astichus maculatus* eindrucksvoll – sondern weil unser Wissen über viele Insektengruppen nach wie vor sehr unzureichend ist.

nismengruppen", zu denen kaum Daten vorliegen, gehören zum Beispiel viele Familien der Hautflügler und der Fliegen und Mücken.

Die „dark taxa" stehen aktuell auch im Fokus der Biodiversitätsforschung in Deutschland. Denn trotz einer im Vergleich zu den Tropen recht überschaubaren Artenvielfalt, trotz einer jahrhundertelangen Forschungstradition, trotz vieler hervorragender citizen scientists und zahlreicher naturkundlicher Museen mit entsprechenden Sammlungen und Expertise gibt es auch hierzulande noch empfindliche Wissenslücken. Aktuell sind in Deutschland etwa 71 500 Arten von Tieren, Pflanzen, und Pilzen nachgewiesen, davon 48 000 Tierarten. Was jetzt sicher keinen mehr wundert: Die überwiegende Zahl, nämlich 34 000, sind Insekten. Was eher erstaunt: Ausnahmsweise haben die Käfer nicht die Nase (oder die Fühler) vorn. Sie landen mit etwa 6 500 Arten hinter den Hautflüglern und den Zweiflüglern abgeschlagen auf Platz drei. Die beiden anderen liefern sich ein Kopf-an-Kopf-Rennen, mit einem aktuell leichten Vorsprung der Hautflügler (Bienen, Wespen, Ameisen; ca. 9800 Arten) vor den Zweiflüglern (Mücken und Fliegen; ca. 9500 Arten). Aber die Ziellinie ist noch lange nicht erreicht. Man darf gespannt sein, wie das Rennen ausgeht!

Bei all diesen Unsicherheiten – eines ist absolut sicher: Insekten sind mit großem Abstand die artenreichste Tiergruppe der Erde. Sie stellen mit etwa einer Million ungefähr die Hälfte der etwa 1,8 Millionen wissenschaftlich beschriebenen Tier-, Pflanzen- und Pilzarten. Zum Vergleich: Wir kennen gerade mal 5 400 Säugetier- und knapp 11 000 Vogelarten. Die Gefahr für die Insekten, als artenreichste Gruppe jemals entthront zu werden, ist gering, denn auch bei der Dunkelziffer noch unentdeckter Arten werden die Insekten in allen Szenarien als führend betrachtet.

Mit Fug und Recht lässt sich also sagen: Die Erde ist ein Planet der Insekten!

Viele davon sind Ameisen, die innerhalb der Insekten zu den besonderen Erfolgsmodellen gehören. Rund 15 700 Arten sind bekannt – eine Zahl mit den üblichen Unsicherheiten. Nach einer aktuellen Studie (2022) stehen jedem einzelnen Menschen ungefähr 2,5 Millionen Ameisen gegenüber. Das ist sogar noch mehr als in einem riesigen Ameisenhaufen der Roten Waldameisen (*Formica rufa*) leben, wie Sie ihn aus den heimischen Wäldern kennen; deren Staaten bestehen aus bis zu zwei Millionen Individuen. Allein die Biomasse der Ameisen entspricht einem Fünftel der Biomasse der Menschheit und übersteigt die aller wildlebenden Säugetiere und Vögel bei weitem. In Zahlen: Vögel 2 Megatonnen Kohlenstoff, Säugetiere 7 Megatonnen, Ameisen 12, die Menschheit 60 und die landlebenden Gliederfüßer (neben den Insekten im Wesentlichen die Spinnentiere und Tausendfüßer) inklusive der Ameisen 200.

— Eine Blüte, zwei Geschlechter

Viele Blütenpflanzen vereinigen beide Geschlechter in einer Blüte, außen die Staubgefäße mit den Pollen (männlich), im Zentrum die Narben mit den Samenanlagen (weiblich).

INSEKTEN UND BLUMEN – EINE INNIGE BEZIEHUNG

Auch wenn es nicht so offensichtlich ist wie bei den Tieren: Pflanzen haben Sex. Nüchterner formuliert: Neues Leben entsteht, wenn männliche Keimzellen (Spermien) auf weibliche Keimzellen (Eizellen) treffen. Und hier haben Pflanzen ein fundamentales Problem – ein Problem, das in den meisten Fällen von Insekten gelöst wird.

Für Tiere ist es einfach: Man bahnt eine Beziehung an, macht sich singend, röhrend, duftend, mit aufregenden Farben, mit wilden Tänzen oder sonst wie attraktiv für den Partner oder die Partnerin – der Fantasie sind kaum Grenzen gesetzt. Dann folgt die Paarung, ein mal mehr, mal weniger inniger Akt. Anschließend geht es in den verschiedensten Konstellationen weiter mit der Ablage der Eier und der Aufzucht des Nachwuchses. Die meisten Pflanzenarten dagegen sind fest in der Erde verwurzelt. Männchen und Weibchen können sich nicht einfach irgendwo treffen und sich paaren. Es gibt einen Ausweg, den viele Pflanzen auch nutzen: Sie sind nicht männlich *oder* weiblich, sondern männlich *und* weiblich. Ihre Blüten haben Staubblätter, die Blütenstaub (Pollen) enthalten.

Gleichzeitig stehen im Zentrum jeder Blüte die sogenannten Narben. Pollenkörner, die bei der Bestäubung auf einer Narbe landen, keimen und dringen mit einem langen Schlauch Richtung Samenanlagen vor. Dort entstehen dann die männlichen Keimzellen, die auf weibliche Eizellen treffen und mit ihnen verschmelzen. Nach dieser Befruchtung werden Samen gebildet. (Die unterschiedliche Verwendung des Begriffs „Samen“ bei Pflanzen und Tieren ist leider etwas verwirrend. Bei Tieren sind damit die männlichen Keimzellen, die Spermien, gemeint. In einem Pflanzensamen steckt dagegen eine bereits befruchtete Eizelle samt Nährgewebe als Startpackung ins eigenständige Leben der nächsten Generation.)

Viele Pflanzen könnten sich also mit sich selbst fortpflanzen. Die Sache mit der Selbstbefruchtung hat allerdings einen entscheidenden Haken: Der größte Vorteil von Sex geht dabei verloren. Dieser liegt in der Durchmischung der Erbanlagen bei den Nachkommen. Dabei entstehen von Generation zu Generation immer neue Gen-Kombinationen – ein unschätzbarer Vorteil in einer sich rasch verändernden Welt voller neuer Herausforderungen: Krankheiten, Klimaänderungen, Fressfeinde... Ohne genetischen Austausch ist es schwer, mit ständig entstehenden neuen Varianten im evolutionären Wettlauf zu bestehen. Und ein solcher Austausch findet nicht statt, wenn man sich nur mit sich selbst paart. Deshalb haben viele Pflanzen Strategien entwickelt, um Selbstbefruchtung zu erschweren oder zu verhindern. Oft reifen zum Beispiel Staubblätter und Samenanlagen nicht gleichzeitig. Oder es gibt genetische Barrieren. Sex und Fortpflanzung mit sich selbst wird dann für die Pflanze zu einem letzten Ausweg, falls Sex mit anderen aus welchen Gründen auch immer nicht stattfinden kann.

Damit stehen wir aber wieder vor dem Ausgangsproblem: Wie werden Pflanzen intim, wie sichern sie

— **Vom Winde verweht**

Pollen wie diese Hasel (*Corylus avellana*) per Luftpost zu verschicken ist nicht besonders effektiv.

— Kooperationen

Insekten – hier die Schwebfliege *Sphaerophoria scripta* – übertragen Pollen viel zielgerichteter als der Wind. Die Pflanze macht sich mit Farben, Düften und Belohnungen attraktiv für Insekten und spart im Gegenzug bei der Produktion von Pollen.

Fremdbestäubung? Die Antwort kennt (zunächst) nur der Wind. Die ersten Samenpflanzen hatten jedenfalls keine andere Wahl, als ihre Pollen dem Wind zu überlassen und zu hoffen, dass dieser ihn an den Ort der Erfüllung bringt. Das Ziel ist eine weibliche Blüte einer anderen Pflanze der gleichen Art. Das ist ein teures Vergnügen: Um eine einzige Haselnussblüte zu bestäuben, werden 2,5 Millionen Pollen auf die Reise geschickt, von denen fast alle irgendwo landen, nur nicht dort, wo sie hinsollen (wer Heuschnupfen hat, weiß wovon ich spreche). Insgesamt ist das eine ungeheure Verschwendung von Ressourcen. Viel effektiver ist es, nur wenige Pollen zu produzieren und sie jemandem mitzugeben, der sie sicher ans Ziel bringt. Und hier kommen die Insekten ins Spiel. Sie sind die bevorzugten Kooperationspartner der Pflanzen, und an sie richten sich alle Signale, die die Blumen auch für uns so attraktiv machen: Blüten in bunten Farben und mit betörenden Düften (wobei es unter den Pflanzen auch Stinker gibt, die damit zum Beispiel Aasinsekten anlocken, S. 21). Die Insekten besuchen die Blüten und übertragen dabei Pollen. Sie erledigen diese Liebesdienste nicht umsonst. Sie werden fair bezahlt, dürfen einen Teil des Pollens essen oder erhalten Nektar. Letzteres ist für die Pflanzen billiger, da sie das Zuckerwasser über ihre Fotosynthese leicht herstellen können. Vielen Insekten-Männchen genügt Nektar als Nahrung und als perfektes Flugbenzin. Weibchen brauchen dagegen zur Bildung von Eiern etwas Nahrhafteres, wie zum Beispiel die proteinreichen Pollen. Der nächste Schritt in der Pflanzen-Insekten-Beziehung ist die Gestaltung einer möglichst

— Enge Partnerschaft

Je exklusiver die Beziehung zwischen Pflanze und Insekt, desto zielgenauer funktioniert die Übertragung von Pollen, so wie bei Gartenhummel (*Bombus hortorum*) und Wiesensalbei (*Salvia pratensis*).

exklusiven Partnerschaft. Ein „blütenstetes" Insekt, das bevorzugt die Blüten einer bestimmten Art besucht, ist für die Pflanze viel nützlicher als eines, das den wertvollen Pollen an eine falsche Adresse liefert. Der Wiesensalbei (*Salvia pratensis*), eine häufige Art nicht zu intensiv bewirtschafteter Wiesen, hat äußerst merkwürdig geformte Blüten: Im grünen Kelch der Einzelblüte steckt eine zentimeterlange, vorne von einer beweglichen Platte verschlossene Blütenröhre, die anschließend zwei „Lippen" bildet. Die helmförmige Oberlippe birgt die mit der beweglichen Platte fest verbundenen Staubblätter, außerdem ragt bogenförmig ein dünner Faden heraus, dessen gabelförmig aufgespaltene Spitze die für Pollen empfängliche Narbe ist. Die untere Lippe bildet einen Landeplatz für schwere Brummer wie Hummeln und Honigbienen, die bevorzugten Partnerinnen des Salbeis. Landet eine Hummel, drückt sie zunächst ihren Kopf gegen die Verschlussplatte, um mit ihrem zentimeterlangen Rüssel den Nektar am Grund der Blütenröhre erreichen zu können. Bewegt sie die Platte, klappen die Staubblätter automatisch nach unten. Der dichte Pelz des Hummel-Hinterleibs wird mit Blütenstaub bepudert. Genau dort streift die Narbe beim nächsten Blütenanflug über die Hummel, sodass Pollen zielsicher übertragen wird. Diese ausgeklügelte Konstruktion ist das Ergebnis einer langen gemeinsamen Evolutionsgeschichte, bei der die Blüte zum beiderseitigen Vorteil immer weiter optimiert wurde. Der Vorteil dieser Co-Evolution für die Hummel: Der Bau der Blüte schließt sehr viele konkurrierende Insekten aus, die zu schwach sind, um die Verschlussklappe wegzudrücken und/oder deren Rüssel zu kurz ist, um an den Nektar zu gelangen. Dass die Blüte von irgendeinem Insekt schon leergetrunken wurde, ist deshalb unwahrscheinlich. Die Hummel weiß das und fliegt gezielt von Salbei zu Salbei. Dieser wiederum gewinnt blütenstete Partner, die seinen Pollen sicher und effektiv aufnehmen, transportieren und abliefern.

Die Natur ist voller solcher exklusiver Blüten-Insekten-Partnerschaften, und man kann ziemlich sicher sein, dass zu merkwürdig gebauten Blüten auch passende Insekten gehören. Besonders spektakulär ist der Fall des Sterns von Madagaskar (*Angraecum sesquipedale*), auf Englisch Darwin's orchid. Die 1798 entdeckte und 1822 wissenschaftlich beschriebene Orchidee weckte das Interesse des großen Naturforschers: Die Blüte weist einen 27–43 cm langen dünnen Sporn auf, der ganz am Ende Nektar produziert. Wer sollte diesen erreichen? Darwin sagte die Existenz eines Schmetterlings mit extrem langem Saugrüssel voraus. Das war im Jahr 1862. Andere Naturforscher hielten das für unwahrscheinlich, gar lächerlich. Alfred Russel Wallace, der unabhängig von Darwin ähnliche evolutionsbiologische Theorien entwickelt hatte,

1

2

3

bescheiden dem berühmteren Kollegen aber stets den Vortritt ließ, unterstützte ihn dagegen. Er verwies 1867 auf einen möglichen Kandidaten, den langrüsseligen, afrikanischen Schwärmer *Xanthopan morganii*, der aber auf Madagaskar nicht nachgewiesen war. Das gelang dann erst im Jahr 1903: 21 Jahre nach Darwins Tod wurde der Schwärmer auch auf Madagaskar entdeckt. Aber erst 1992 erwischten Fotografen den Falter in flagranti beim Saugen an Darwin's orchid. Die madagassische Unterart erhielt den Namen *Xanthopan morganii praedicta*. 2021 bekam sie nach einer sorgfältigen morphologischen und genetischen Analyse ein Upgrade und gilt nun als selbstständige Art *Xanthopan praedicta*. Aus dem Lateinischen übersetzt heißt praedicta „vorhergesagt": Wie so oft hatte Darwin auch mit dieser Vorhersage recht behalten.

1 — Stern von Madagaskar

Nektar gibt es nur am Grund des langen dünnen Sporns der Orchidee *Anagraecum sesquipedale*. Ohne den Bestäuber zu kennen, schloss Darwin auf einen Schmetterling mit entsprechend langem Rüssel - und hatte recht damit.

2 — Wie vorhergesagt

Erst postuliert, Jahrzehnte später tatsächlich gefunden: Der Schwärmer *Xanthopan praedicta* bestäubt den Stern von Madagaskar.

3 — Aufgerollt

Der bis zu 28,5 cm lange Rüssel wird erst beim Anflug an die Blüten entrollt. Ansonsten wird er, anders als bei diesem Sammlungsexemplar, ordentlich in einer Ebene aufgerollt.

— In der Falle

Ein unfairer Deal. Der – im Bild aufgeschnittene – Aronstab (*Arum maculatum*) lockt seine Bestäuber unter Vorspiegelung falscher Tatsachen an und setzt sie so lange gefangen, bis er bestäubt ist.

Ganz so harmonisch-idyllisch wie beim Wiesensalbei oder beim Stern von Madagaskar geht es allerdings nicht überall zu. Nicht jede Partnerschaft ist fair. Manche Pflanzen setzen systematisch auf Betrug. Der in feuchten Laubwäldern häufige Gefleckte Aronstab (*Arum maculatum*) lockt Insekten unter Vorspiegelung falscher Tatsachen in die Falle. Sein Blütenstand wird von einem Hochblatt komplett eingehüllt. Zugänglich ist er nur über einen engen Eingang von oben. Dieser entpuppt sich für Insekten allerdings als Einbahnstraße. Reusenartig stehende Haare und glatte Innenwände, an denen kein Halt zu finden ist, machen den Rückweg unmöglich. Die Insekten sitzen in der Kesselfalle des Aronstabs fest. Wieso sie in die Falle gehen? Der Aronstab duftet nicht, er stinkt fies nach Harn und Aas. „Abortfliegen" *Psychoda phalaenoides* mögen das; sie werden davon magisch angezogen. Eine regelrechte Kesselheizung erwärmt den Innenraum des Aronstabs weit über die Außentemperatur und sorgt dafür, dass verführerische Duftschwaden den Wald durchziehen und möglichst viele Abortfliegen erreichen. Diese vermehren sich in Abwässern und Kot, und der Duft signalisiert ihnen Plätze zur Eiablage – die der Aronstab zwar verspricht, dann aber nicht bietet. Immerhin: Haben die Fliegen die Bestäubung vollzogen, welkt das Hochblatt und entlässt die Gefangenen aus ihrer Geiselhaft. Mit Pollen beladen stürzen sich diese aber nicht selten gleich in die nächste Kesselfalle.

Nehmen, ohne zu geben. In den Beziehungen zwischen Pflanzen und Insekten geht es nicht immer ganz fair zu.

Noch raffinierter legen einige Orchideenarten ihre Bestäuber herein. Die fantastisch geformten Blüten der Ragwurz-Arten (*Ophrys*) simulieren Weibchen bestimmter Bienen- oder Wespenarten und stimulieren dadurch deren Männchen zur Paarung – mit der Blüte, die sie für eine Geschlechtspartnerin halten! Dabei verlassen sich die Orchideen nicht nur auf visuelle Reize. Sie verströmen auch den unwiderstehlichen spezifischen Duft des artgleichen Insektenweibchens! „Gerät ein auf Weibchensuche befindliches Bestäubermännchen in die Duftfahne einer auf ihn passenden *Ophrys*-Blüte (nach meinen Freilandbeobachtungen ab ca 5–10 m), so beginnt ein Suchflug in Richtung Duftquelle. Dieser ist meist mehr oder weniger zickzackförmig, um dann ab etwa 1–2 m vor der Blüte immer enger zu werden. Schließlich sieht das Männchen das vermeintliche Weibchen und stürzt sich blitzschnell auf die Blüte, landet, sucht nach der richtigen Sitzposition und beginnt mit heftigen Kopulationsbewegungen. Dazu wurde der Begattungsapparat meist schon vor der Landung weit ausgestülpt. Das getäuschte Männchen versucht immer und immer wieder mit stechenden Hinterleibsbewegungen, verbunden mit lautem Thorax-Summen, die Geschlechtsöffnung des Pseudoweibchens zu finden. Dann sitzt das Tier oft ganz ruhig, um mit heftigem Flügelschwirren eine erneute Stimulation zu versuchen. Bei diesen heftigen Bewegungen kommt das Männchen sehr schnell mit den Klebscheiben der Pollinarien in Berührung, die dann aus den Fächern herausgezogen werden. Meist fliegt das Tier nach 10–30 sec ab, um dann aber sehr oft auf einer weiteren Blüte zu landen. Dann wiederholt sich das Spiel wieder, wird aber in der Regel schneller abgebrochen." So schildert der Zoologe Hannes F. Paulus, der sich intensiv mit den Tricks der Ragwurz-Orchideen beschäftigt hat, die für das Insekt reichlich frustrierende Geschichte. Anscheinend lernen die Insekten aber aus ihren missglückten Paarungsversuchen: Erfahrene Männchen durchschauen den Schwindel und fallen nicht mehr auf die Täuschblumen herein. Was durchaus auch im Interesse der Orchidee ist, denn ohne eine schließlich doch erfolgreiche Kopulation der Bienenmännchen mit echten Bienenweibchen hätten sie im nächsten Jahr ja keine Bestäuber mehr. Ein Wort noch zum oben erwähnten Begriff „Pollinarien". Das ist eine Spezialität der Orchideen. Sie setzen alles auf eine Karte (bzw. eigentlich auf zwei) und verpacken ihren kompletten Pollenvorrat in meist zwei kompakte Pakete, die jeweils mit einem Stiel und einer Klebscheibe versehen sind. Diese Pollinarien werden dem Insekt während dessen Kopulationsversuchen auf die Stirn geklebt. Glückt später die Übergabe an die nächste Blüte, kann diese damit gleich Tausende von Samen bilden.

— **Vergebliche Liebesmüh**

Männchen der Ragwurz-Zikadenwespe (*Argogorytes mystaceus*) fühlen sich von Blüten der Fliegenragwurz (*Ophrys insectifera*) angezogen und versuchen, mit diesen zu kopulieren. Dabei klebt ihnen die Orchidee ihre Pollenpakete auf den Kopf.

EINE WELT OHNE INSEKTEN?

Manchmal wird einem der Wert einer Sache erst klar, wenn sie nicht mehr da ist. Machen wir also ein Gedankenexperiment – stellen wir uns eine Welt ohne Insekten vor!

Der Schlüssel dazu ist die enge Beziehung zwischen den Insekten und den Pflanzen, die sich gegenseitig unterstützend die Erde erobert haben. Wobei der Begriff „Pflanzen" hier zu ungenau ist. In erster Linie geht es um die Blütenpflanzen im engeren Sinn, die Bedecktsamer (Angiospermen). Die Insekten haben den beispiellosen Aufstieg der Bedecktsamer in der Kreidezeit (145–66 Millionen Jahre) zur absolut dominierenden Pflanzengruppe entscheidend gepuscht und gleichzeitig massiv davon profitiert – eine klassische Win-Win-Situation. Die Leidtragenden waren die überwiegend windbestäubten Nacktsamer (Gymnospermen). Sie hatten die Vegetation früherer Erdzeitalter geprägt – und würden es vermutlich heute noch tun, wenn das Team Insekten/Bedecktsamer sie nicht verdrängt hätte. Die heutigen Artenzahlen sprechen eine deutliche Sprache: gut 295 000 Bedecktsamern stehen nur noch knapp 1100 Arten von Nacktsamern gegenüber.

Weil die Evolution der Blütenpflanzen untrennbar mit der Evolution der Insekten verbunden ist,

— Was wäre, wenn…

… es keine Insekten gäbe? Blenden wir alle Bedecktsamer auf diesem Bild aus, bliebt nur die Reihe von Nadelbäumen auf dem kahlen Rücken. Alle anderen Pflanzen gehören zu den Bedecktsamern, deren Evolution eng mit der der Insekten verknüpft ist.

— **Auf Gedeih und Verderb**

Kaum eine Nahrungskette, in der Insekten nicht irgendeine Rolle spielen. Viele Tiere sind wie diese Bachstelze (*Motacilla alba*) auf Insektennahrung spezialisiert.

müssen wir uns eine Welt ohne Insekten als eine Welt ohne Bedecktsamer vorstellen. Das bedeutet: keine Laubbäume, keine Gräser und damit auch kein Getreide (auch wenn Gräser heute windbestäubt sind, stammen sie von tierbestäubten Vorfahren ab). Keine bunten Blüten, die Insekten anlocken sollen, keine Früchte, die nach der Bestäubung und Befruchtung daraus erwachsen, Äpfel, Birnen, Tomaten, Himbeeren, Mangos, Nüsse – alles Fehlanzeige. Die meisten heutigen Pflanzenfresser ernähren sich von Gras oder Blättern von Bedecktsamern. Süßwasserfische, Amphibien, Reptilien (inklusive Vögel) oder Säugetiere: Ein großer Teil der Arten lebt direkt von Insekten oder erbeutet insektenfressende Tiere. Am Recycling der Mineralstoffe im Boden sind Insekten ebenfalls massiv beteiligt. Ohne sie wäre die ökologische Kreislaufwirtschaft massiv eingeschränkt.

Auch wenn die Artenzahl der Nacktsamer inzwischen kaum noch der Rede wert ist, ökologisch spielen die Nadelbäume nach wie vor eine große Rolle, denken Sie nur an die riesigen Wälder der Taiga. Hier würden Sie in einer Welt ohne Insekten und Bedecktsamer vermutlich die geringsten Veränderungen zur heutigen bemerken, wenn Sie zwischen Nadelbäumen und Torfmoosen unterwegs sind. Den Aufmerksamen wird aber nicht entgehen: Der Wald ist weitgehend stumm, keine summenden Insekten, kaum ein Vogellaut ist zu hören, keine Eidechse huscht durchs spärliche Unterholz, kein Frosch quakt am Seeufer, keine Spinne spannt ihr Netz auf: Was sollte sie auch fangen?

Andere Weltgegenden würden noch viel fremdartiger wirken. Keine Laubwälder in Mitteleuropa, das von Natur aus ganz damit bedeckt wäre. Keine reich belaubten tropischen Regenwälder. Steppen und Savannen ohne Gräser und damit auch ohne grasende Herden von Bisons, Gazellen und Zebras.

Natürlich wäre die konkrete Evolution ohne Insekten ganz anders verlaufen und es hätten sich völlig andere Optionen ergeben, die nicht einfach aussehen wie „heutige Erde minus Insekten und alles, was mit ihnen zusammenhängt". Trotzdem machen diese Gedankenspiele deutlich, welche enorme Bedeutung die Insekten für die globale Biodiversität und die Ökosysteme hatten und haben.

Machen wir noch einen letzten Schritt: Auch die frühesten Säugetiere waren nachtaktive kleine Insektenfresser. Hätten sie sich ohne Insekten ebenfalls in die Pole-Position gebracht, um nach dem Aussterben der Dinosaurier deren Erbe als (neben den Insekten) dominierende Landtiere anzutreten? Und daraus ergibt sich zwingend gleich die nächste Frage: Wäre es dann auch dazu gekommen, dass Sie heute hier sitzen und dieses Buch lesen?

Ich bin überzeugt: Auch die Menschheit verdankt ihre Existenz den Insekten!

GEWINNER UND VERLIERER

Eines vorweg: Auch wenn sich einzelne Arten durch Globalisierung und Klimawandel begünstigt ausbreiten, unterm Strich leben wir in einem Zeitalter des massiven Verlusts von biologischer Vielfalt. Nur langsam schiebt sich ins öffentliche Bewusstsein, dass es hier nicht um Einzelfälle wie Nashörner oder Große Pandas geht, sondern dass wir mitten im 6. Massenaussterben der Erdgeschichte leben. Das vorerst letzte fand vor 66 Millionen Jahren statt, als ein gewaltiger Asteroid auf der Erde einschlug und gigantische Vulkanausbrüche die Atmosphäre belasteten. Damals starben die Dinosaurier (abgesehen von den Vögeln) aus, die die Erde bis dahin entscheidend geprägt hatten. Heute sind nicht Naturgewalten, sondern wir Menschen verantwortlich. Eine eindrucksvolle Langzeitstudie hat nun endlich auch bewusst gemacht, dass das Artensterben auf breiter Front vorangeht, und das Thema „Insektensterben" in die Schlagzeilen katapultiert. Was die professionell arbeitenden Insektenkundigen des Entomologischen Vereins Krefeld gemacht hatten, war eigentlich einfach: Sie hatten die Biomasse der Fluginsekten aus standardisierten Insektenfallen gewogen, die über Jahrzehnte an den immer gleichen Stellen standen. Dabei konnten sie dramatische Verluste belegen: 75 % weniger Fluginsekten innerhalb von nur 27 Jahren! Die Ergebnisse rüttelten die Öffentlichkeit ebenso wach wie die Forschung. Rund um den Globus wurde von ähnlich deprimierenden Entwicklungen berichtetet. Eine umfassende Studie kommt auf einen globalen Rückgang der Insekten von 0,92 % pro Jahr. Klingt nicht nach viel, bedeutet aber weltweit den Verlust eines Viertels aller Insekten im Verlauf von 30 Jahren. Betroffen sind vor allem Nordamerika und, noch viel stärker, Europa. Überraschend sind diese Ergebnisse eigentlich nicht. Falls Sie zu denen gehören, die (wie ich) seit Jahrzehnten mit wachen Augen in der Natur unterwegs sind, dürfte Ihnen nicht entgangen sein, dass der stumme Frühling, den Rachel Carson in ihrem legendären Umwelt-Bestseller

— **Ausgesummt**

Der weltweite katastrophale Rückgang der Fluginsekten hat enorme Auswirkungen auf die Ökosysteme.

1 — Naturschutz

Insektenfreundliche Gärten sind kleine Bausteine des Naturschutzes. Weit wichtiger ist allerdings die Entwicklung einer nachhaltigen und die Biodiversität mitdenkenden Land- und Forstwirtschaft.

2 — Schwarze Brummer

Die Blauschwarze Holzbiene (*Xylocopa violacea*) profitiert vom Klimawandel und breitet sich in Deutschland von Süden nach Norden aus.

3 — Kolibri?

Natürlich nicht, aber die schwirrend vor Blüten in der Luft stehenden Schwärmer erwecken diese Assoziation immer wieder. Früher waren solche Beobachtungen auf den Sommer beschränkt, wenn die Falter aus Südeuropa eingewandert waren. Inzwischen gelingt den Taubenschwänzchen (*Macroglossum stellatarum*) die Überwinterung auch in Mitteleuropa und man begegnet ihnen zu allen Jahreszeiten.

„Silent Spring“ aus dem Jahr 1962 beschworen hat, nicht nur die Vögel betrifft. Auch das Konzert der Grillen und Heuschrecken ist leiser geworden, nur noch vereinzelt hört man das Brummen der Hummeln und Summen der Bienen. Die wimmelnde Vielfalt in Feld und Flur ist Geschichte. Das hat gewaltige Auswirkungen auf die Ökosysteme. Insekten sitzen an vielen entscheidenden Schlüsselstellen, ob als Bestäuber oder Recycler, als Räuber oder als Beute. Das Verschwinden der Insekten betrifft uns Menschen deshalb massiv. Wir brauchen sie als enorm wichtige „Ökosystem-Dienstleiter“, von deren Wirken wir in vieler Weise profitieren. Ökosystem-Dienstleistungen umfassen alle dem Menschen Nutzen bringende Wirkungen ökologischer Systeme. Es gibt zahlreiche Versuche, den Wert solcher Dienstleistungen auch zu berechnen: Wie viele Milliarden Euro ist die Bestäubung durch Insekten wert? Oder die biologische Schädlingsbekämpfung? Wobei uns klar sein muss, dass es keine alternativen Anbieter für diese Jobs gibt.

Was tun? Unbedingt überall aktiv werden, wo es geht! Naturschutz kann und sollte im eigenen Garten starten, erste Schritte, die aber natürlich nicht genügen. Klimawandel und Landwirtschaft sind weltweit die wichtigsten Faktoren – da müssen wir ran. Ein gutes Leben für uns Menschen muss auch allen anderen Arten ein gutes Leben ermöglichen. In unserem ureigensten Interesse.

Landnutzung, Pestizide, Klimawandel – die Insekten stehen unter dreifachem Druck. Ihr katastrophaler Rückgang ist unübersehbar.

Zu den aktuellen Gewinnern unter den Insekten zählen in Deutschland vor allem wärmeliebende Arten, die keine allzu speziellen ökologischen Ansprüche stellen. Sie profitieren vom Klimawandel, sind also eigentlich Krisengewinnler. Die Gottesanbeterin (*Mantis religiosa*) (S. 122), vor wenigen Jahren nur an Hotspots wie dem Kaiserstuhl zu finden, hat sich inzwischen bis nach Schleswig-Holstein ausgebreitet. Die beeindruckende Blauschwarze Holzbiene (*Xylocopa violacea*) überwintert in immer größerer Zahl und brummt bereits an den ersten warmen Tagen im Spätwinter durch die Gärten. Auch dem wegen seiner Flugweise immer mal wieder mit einem Kolibri verwechselten Taubenschwänzchen (*Macroglossum stellatarum*), einem tagaktiven Nachtfalter, gelingt die Überwinterung zunehmend. Die Bernsteinschabe (*Ectobius vittiventris*) ist inzwischen allgegenwärtig, fliegt vom Licht angelockt gerne auch in Wohnungen. Dort sorgt das harmlose Insekt wegen seiner Kakerlaken-Erscheinung oft für vollkommen unbegründete Panik.

Alle diese Arten kamen auf eigenen Flügeln. Bei anderen hat der Mensch seine Finger im Spiel. Immer wieder werden Insekten aus anderen Erdteilen eingeschleppt und heimisch. Meist geschieht das unabsichtlich, Larven reisen in Bauholz, Eier an Pflanzen für den Gartenmarkt – Trittbrettfahrer des globalen Handels. Wenn solche Neozoen („Neutiere“: alle Arten, die nach dem Jahr 1492 erstmals in einem Gebiet auftreten) auf günstige Bedingungen treffen, können sie sich innerhalb weniger Jahre über ganze Kontinente ausbreiten. So geschehen mit dem Asiatischen Marienkäfer (*Harmonia axyridis*), seit dem Jahr 2002 in Deutschland, dem ebenfalls aus Ostasien stammenden Buchsbaumzünsler (*Cydalima perspectalis*), seit 2006, oder dem Stahlblauen Grillenjäger (*Isodontia mexicana*) aus Nord- und Mittelamerika, seit 1998. Aktuell breitet sich die 2004 erstmals in Europa (Frankreich) und 2014 in Deutschland nachgewiesene Asiatische Hornisse (*Vespa velutina*) aus. Auch sie wird als „invasiv“ eingestuft, also als möglicherweise problematisch für die heimische Tier- und Pflanzenwelt. Wobei eine solche Invasion ganz klein beginnen kann: Genetische Daten machen wahrscheinlich, dass sämtliche Asiatische Hornissen in Europa von einer einzigen begatteten Königin abstammen!

Zu den Haupt-Verlierern unter den Insekten gehören alle, die speziellere Lebensraumansprüche haben, wie sie in einer intensiv genutzten Landschaft oft nur noch in Naturschutzgebieten zu finden sind. Das ist die übergroße Mehrheit der Arten. Dazu kommt: Auch in unseren Naturschutzgebieten schaffen wir es nicht, die Natur wirklich zu schützen. Das zeigt die Studie von Krefeld (S. 25), bei der alle Fallen in Naturschutzgebieten standen. Wie kaum anders zu erwarten, machen in der Landwirtschaft eingesetzte Pestizide vor der Grenzen der Reservate nicht Halt, wie u. a.

— Rasante Karriere

Die Asiatische Hornisse (*Vespa velutina*) breitet sich in in großer Geschwindigkeit in Europa aus. Wie bei den meisten solcher Neozoen lassen sich die Konsequenzen für die heimische Biodiversität kaum absehen.

die vom NABU koordinierte DINA-Studie (Diversität von Insekten in Naturschutz-Arealen) belegt. Abseits der Naturschutzgebiete sieht es noch düsterer aus. Selbst in Wäldern gehen die Insektenbestände massiv zurück, und die Agrarlandschaft – immerhin 50 % der Fläche Deutschlands – ist für die meisten Tiere eine lebensfeindliche Wüste. Dies ist in Mitteleuropa vermutlich der Haupttreiber des Insektensterbens. Die Auswirkungen des Klimawandels sind schwer abzuschätzen. Unmittelbar existenzbedrohend sind die Veränderungen für Arten, die an kältere und feuchtere Lebensräume angepasst sind, die also zum Beispiel Moore oder höher gelegene Regionen im Gebirge besiedeln. Trocknen die Moore aus, betrifft das Arten wie den Hochmoorgelbling (*Colias palaeno*) oder die Hochmoor-Mosaikjungfer (*Aeshna subarctica*) (S. 43). Rücken die Vegetationszonen immer weiter nach oben, ist irgendwann Schluss für die Bewohner der hochgelegenen alpinen Matten und Felsregionen, die nicht weiter nach oben ausweichen können: Grund zur Sorge um Murmeltiere und Schneehühner ebenso wie um die vielen Besonderheiten der hochalpinen Pflanzen- und Insektenwelt. Vielleicht erwischt es dann auch eine Art, zu der ich eine ganz besondere Beziehung habe, die Rosenwurz-Erzschwebfliege (*Cheilosia rhodiolae*). Ich habe sie vor einigen Jahren in den Alpen weit oberhalb der Baumgrenze in über 2300 m Höhe entdeckt, als neue Art beschrieben und – das gehört als Recht und Pflicht dazu – auch mit einem wissenschaftlichen Namen versehen. Getauft habe ich sie auf den Namen ihrer Nahrungspflanze, der Rosenwurz (*Rhodiola rosea*). Die Larven minieren in den Blättern dieses in Mitteleuropa auf die Hochlagen der Alpen beschränkten Dickblattgewächses.

1

1 — Klimawandel

Die alpinen Matten oberhalb der Baumgrenze sind außerordentlich blumen- und insektenreich – und durch die rasante Erwärmung der Erde besonders stark gefährdet.

2 — Keine Zukunft?

Die Hochlagen der Alpen können sich für Hochgebirgsarten wie die Rosenwurz-Erzschwebfliege (*Cheilosia rhodiolae*) als Sackgasse erweisen, wenn die Vegetationszonen als Folge des Klimawandels immer weiter nach oben wandern.

2

PANZER, FACETTEN-AUGEN, SECHS BEINE UND VIER FLÜGEL

Ein Grundplan und viele Variationen

Das Erfolgsrezept der Insekten: All ihre „Bauteile“ lassen sich nahezu beliebig abwandeln. Das erschließt unendlich viele ökologische Nischen.

— **Typisch Insekt**

Drei Körperabschnitte und am mittleren, dem Thorax, sechs Beine und vier Flügel – die Blutrote Heidelibelle (*Sympetrum sanguineum*) ist leicht als Insekt zu erkennen.

Insekten-Schnellcheck

So unglaublich vielfältig Insekten sind, so einfach ist es in den meisten Fällen, ein Insekt als solches zu erkennen. Das gelingt schon mit einem einfachen Dreiercheck: Beine, Körpergliederung, Flügel. Jedenfalls wenn es ein erwachsenes Insekt ist. Mit den Jugendstadien, den Larven, wird es komplizierter. Dazu später mehr ab S.107.

Meist genügt es schon, die Beine zu zählen. Alle Insekten haben **drei Beinpaare**, sprich sechs Beine. Damit scheiden schon mal alle anderen kleinen Krabbeltiere aus, die wie die Insekten ein gepanzertes Außenskelett haben, und die oft mit ihnen verwechselt werden. Die Spinnentiere, zu denen auch die Zecken gehören, haben vier Beinpaare, die Asseln sieben. Die alternative wissenschaftliche Bezeichnung „Hexapoda" für die Insekten nimmt Bezug auf dieses Merkmal. Das griechische Wort hexápodos bedeutet „sechsfüßig". „Insecta" kommt dagegen vom lateinischen insectum = „eingeschnitten" und spielt ebenso auf die drei deutlich voneinander getrennten Körperteile der Insekten an wie die deutsche, inzwischen etwas außer Gebrauch gekommene Bezeichnung „Kerbtier".

Die Kerben trennen die **drei Körperabschnitte** der Insekten, den Kopf (S. 61), die Brust (S. 70) und den Hinterleib (S. 90). Besonders plakativ zeigen das Hautflügler mit einer Wespentaille, die diese Dreigliederung betont. Etwas genauer hinschauen muss man zum Beispiel bei kompakt gebauten Käfern, bei denen die Flügel den Hinterleib komplett überdecken.

— **Höchst variabel I**

Der Grundbauplan der Insekten lässt viel Spielraum für die verschiedensten Anpassungen. Beim Fanghaft (*Mantispa*) ist der vorderste Teil des Bruststücks, der Prothorax, stark verlängert. Die Vorderbeine sind zu tödlichen Fangwerkzeugen umgebildet.

— **Höchst variabel II**

Die hinteren Flügel der Zweiflügler (Diptera: Fliegen und Mücken) sind zu Halteren oder Schwingkölbchen geworden. Bei dieser Kammschnake (*Ctenophora ornata*) erkennt man die kleinen Trommelschlegel mit den gelben Köpfchen hinter den Vorderflügeln.

Weiter gehören zur Standardausstattung eines Insekts **zwei Flügelpaare**. Hier wird es allerdings schon ein wenig komplizierter, denn von dieser Regel gibt es eine ganze Menge Ausnahmen. Kündigt sich an schwülen Sommerabenden ein Gewitterregen an, wird es in meinem Garten plötzlich lebendig: Überall aus dem Boden quellen Schwarze Wegameisen (*Lasius niger*), klettern an Grashalmen empor, entfalten die Flügel und heben ab. Hunderte, tausende Ameisen starten zum Jungfernflug, dem ersten und letzten Flug ihres Lebens. Er dient der Paarung und der Gründung neuer Nester. Um die Jungfernschaft ist es also schnell geschehen, der Jungfern- ist zugleich der Hochzeitsflug. Die Begattung findet in der Luft statt. Die Männchen haben damit ihre Schuldigkeit getan und sterben wenig später. Die Weibchen werfen unmittelbar nach der Landung auf einer geeigneten Stelle ihre Flügel ab, und nichts erinnert später mehr an dieses typische Insektenmerkmal. Die Ameise gräbt sich im Boden ein und beginnt in einer unterirdischen Kammer mit der Ablage von Eiern. Damit gründet sie einen neuen Ameisenstaat, den sie fürderhin als Königin regiert. „Große Mutter" würde ihre Rolle besser beschreiben, denn als einzige, die Eier legen kann, ist sie tatsächlich die Mutter sämtlicher Ameisen im Staat, und das können bei der Schwarzen Wegameise über 40 000 sein. Die meisten davon sind Arbeiterinnen, die nur 2–3 Jahre alt werden. Königinnen können dagegen steinalt werden, bis über 28 Jahre! In dieser Zeit legen sie Hunderttausende von Eiern, eine gewaltige Lebensleistung. Ihre Flügel brauchen sie dagegen nie wieder. Den kurzen Höhenflug spendiert die Natur übrigens nur den Geschlechtstieren, also den Individuen, die zur Fortpflanzung vorgesehen sind. Das gemeine Fußvolk, das Heer der Arbeiterinnen, die den Staat am Laufen halten und ohne sich selbst fortzupflanzen für den Nestbau, die Aufzucht des Nachwuchses, die Nahrungsbeschaffung und die Verteidigung zuständig sind, kommt von vornherein flügellos zur Welt.

— **Komplexes Auge**

Typisch für Insekten, wenn auch nicht auf sie beschränkt: die aus oft vielen Tausenden von Einzelaugen bestehenden Facettenaugen. Auf dem Scheitel zwischen diesen Komplexaugen sind drei Punktaugen (Ocellen) zu erkennen. Portrait der Gemeinen Blindbremse (*Chrysops caecutiens*).

Ganz ähnlich wie bei den Ameisen geht es bei den Termiten zu. Auch hier sind nur die Geschlechtstiere geflügelt, auch sie werfen die Flügel nach dem Hochzeitsflug ab und gründen anschließend einen neuen Staat. Arbeiter und Soldaten – hier anders als bei den Ameisen beiden Geschlechts – sind flügellos.

Einige andere Insektengruppen sind grundsätzlich ungeflügelt. Dazu gehören die Ur-Insekten. Sie sind primär flügellos , das heißt, auch ihre Vorfahren hatten keine Flügel. Dazu später mehr (S. 101). Anders die sekundär ungeflügelten Insekten. Sie stammen von geflügelten Vorfahren ab. Ihr Flugvermögen samt den Flügeln haben sie nicht im Lauf des Lebens verloren wie die Ameisen und Termiten, sondern im Lauf der Evolution. Dazu gehören zum Beispiel die Flöhe (S. 75, 76) und die Tierläuse (S. 75, 77). Beide sind blutsaugende Parasiten, denen nichts wichtiger ist, als sich möglichst unauffällig im Pelz oder Federkleid ihrer geplagten Wirte zu bewegen. Da stören Flügel nur. Natürlich bezahlen sie damit mit eingeschränkten Ausbreitungsmöglichkeiten. Wie alle, die mal mit Kopfläusen zu tun hatten (und wer hat das

— **Turbanaugen**

So werden die geteilten Facettenaugen mancher Eintagsfliegen genannt. Der obere Teil ist besonders lichtempfindlich und erlaubt es den Männchen, noch in der Dämmerung über dem Wasser tanzende Weibchen zu erkennen.

nicht?) aus leidvoller Erfahrung wissen, sind sie aber im Nahraum höchst effektiv. Kopfläuse steigen bei engen sozialen Kontakten still und heimlich auf neue Wirte um, Flöhe machen das mit einem gewagten Sprung.

Eine besonders artenreiche Gruppe der Insekten sind die Fliegen und Mücken, wissenschaftlich Diptera, was übersetzt „Zweiflügler" heißt. Auch hier haben wir eine Abweichung vom Grundplan, allerdings nur eine scheinbare. Das hintere Flügelpaar der Zweiflügler ist hinter dem normal ausgebildeten vorderen noch präsent. Es ist evolutionär umgebaut zu kleinen gestielten Keulen, den Schwingkölbchen oder Halteren. Diese schwingen beim Fliegen mit und stabilisieren den Flug. Halteren gibt es auch bei einer weiteren Insektengruppe, den Fächerflüglern (S. 199); dort sind es die Vorderflügel, die umgewandelt wurden.

Bleiben für den Insekten-Schnellcheck noch die aus vielen einzelnen Modulen zusammengesetzten **Facettenaugen**, die vor allem bei den besonders flugtüchtigen Arten einen großen Teil des Kopfes einnehmen können. Dazu mehr auf Seite 64.

PANZER UND MEMBRANEN: WUNDERSTOFF CHITIN

Man braucht schon einige Fantasie, um sich in ein Insekt hineinzuversetzen. Zu selbstverständlich ist die Vorstellung, dass das, was dem Körper Stabilität gibt, im Inneren liegt: das aus Knochen zusammengesetzte Skelett. Kugel- und Scharniergelenke garantieren Beweglichkeit oder schränken sie ein. Bewegt werden die Knochen über an ihnen ansetzende Muskeln und Sehnen. Eine dünne, über und über mit Sinnesorganen besetzte Haut überzieht unseren weichen und verletzlichen Körper.

Ganz anders das Insekt, nehmen wir zum Beispiel einen Käfer: Seine Oberfläche ist hart und starr, wie ein Panzer. Wissenschaftlich wird diese Oberfläche als Cuticula (lat. = Häutchen) bezeichnet, angesichts der Stabilität dieser Schicht ein etwas unglücklicher Begriff. Der Panzer lässt sich mit der selbsttragenden Karosserie eines Autos vergleichen. Sie sorgt für Form und Stabilität. Sämtliche Einbauten, vom Motor über die Sitze bis

— **Exoskelett I**

Wir sind innen hart und außen weich, bei Insekten ist es andersrum: Das stützende und Form gebende Skelett sitzt außen – wie bei diesem Käfer, einem Gespornten Blattrüssler (*Phyllobius glaucus*).

zu den ganzen Leitungen für Kraftstoff und Strom, werden daran befestigt. Entsprechend weist die Innenseite des Insektenpanzers eine Vielzahl von Graten und Vorsprüngen auf, an denen Muskeln ansetzen, mit denen die einzelnen Teile des Panzers bewegt werden. Alle Muskeln und inneren Organe befinden sich im Innenraum dieses Exoskeletts (griech. exo = außen) – viel besser geschützt als bei unserem Endoskelett (griech. endo = innen). Die Gelenke liegen dagegen als Teil des Exoskeletts außen, wie bei einer Ritterrüstung. An den Gelenken ist die Cuticula nicht als massiver und mehr oder weniger starrer Panzer, sondern lediglich als dünne Membran ausgebildet; hier passt die wörtliche Übersetzung des Begriffs („Häutchen") also. Das verschafft Beweglichkeit, aber auch Verletzlichkeit – hier liegt sozusagen die Achillesferse der Insekten.

Der Insektenpanzer besteht nicht aus Knochen. Technisch gesehen, ist es ein Verbundwerkstoff aus Proteinen und Chitin, der den Körper der Tiere komplett überzieht. Chitin wird, wie auch der Pflanzen-

— Exoskelett II

Die computertomografische Aufnahme enthüllt: Im Inneren weist das Insekten-Skelett, vor allem im Bereich des Thorax, zahlreiche Vorsprünge auf, an denen Muskeln ansetzen.

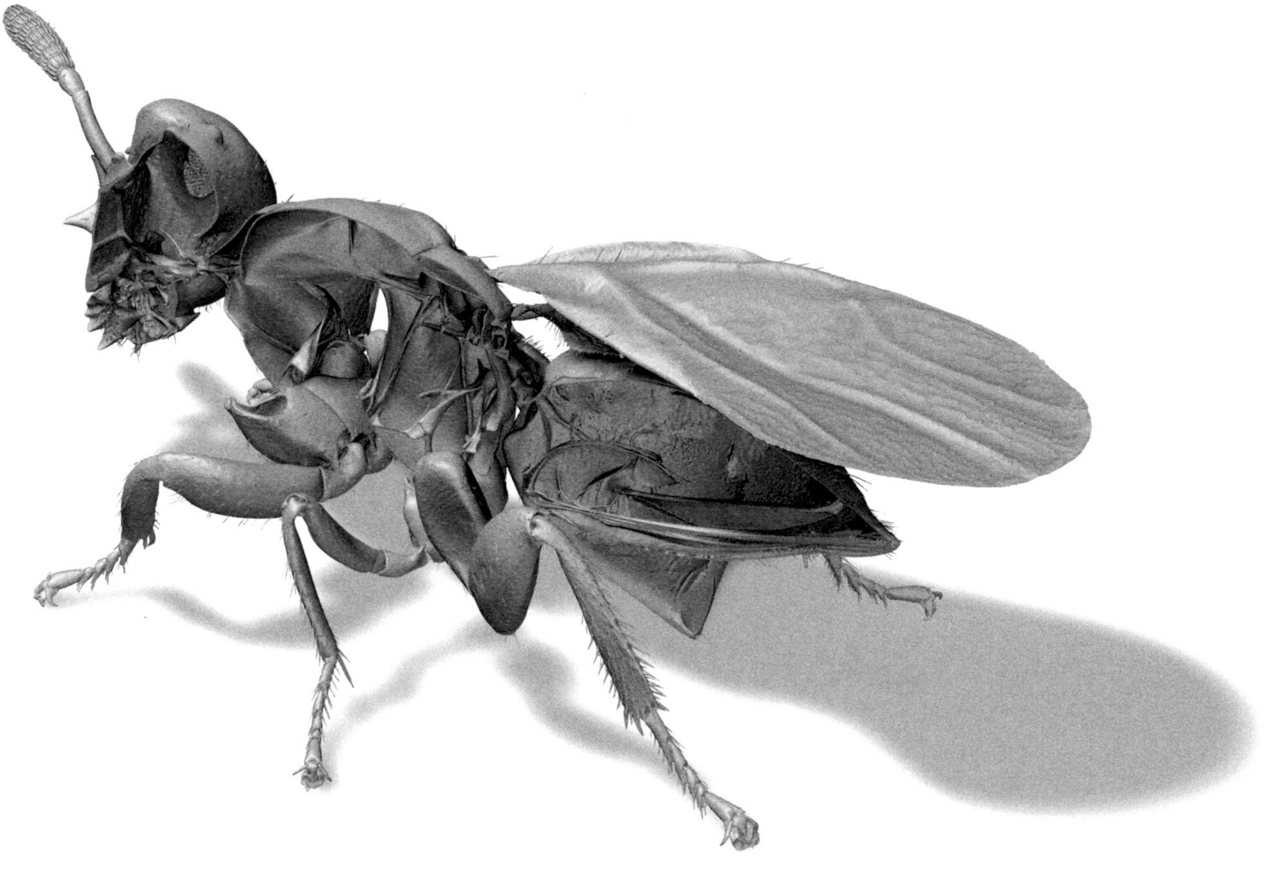

baustoff Cellulose, aus vielen gleichartigen chemischen Bausteinen aufgebaut. Das bezeichnet man als Polymer. Im Fall des Chitins heißt das Einzelelement (das Monomer) Acetylglucosamin. Das klingt komplizierter als es ist. Im Prinzip ist es ein Zuckerring (ähnlich dem Traubenzucker, der Glucose, aus dem die Cellulose aufgebaut ist), der noch zwei Anhängsel trägt. Diese Zuckerringe können zu nahezu beliebig langen Ketten kombiniert werden.

Chitin ist keine exklusive Erfindung der Insekten. Das Biopolymer wird schon seit über einer halben Milliarde Jahre von verschiedenen Organismen genutzt. Der bisher älteste Nachweis stammt aus der Körperhülle eines 505 Millionen Jahre alten Hornschwamms aus der berühmten Fossillagerstätte Burgess-Shale in Nordamerika. Nicht nur, dass das Material diese schier endlose Zeit überdauert hat, sondern auch, dass es die im Lauf der Erdgeschichte zwischenzeitliche Erhitzung des Gesteins auf bis zu 260 °C schadlos überstand, zeugt von der fast unglaublichen Stabilität des Chitins. Im Labor steckt es sogar 400 °C weg. Auch Ringelwürmer und Weichtiere nutzen den Wunderstoff. Die Reibezunge der Schnecken, mit denen sie zum Schrecken der Gärtner den Salat über Nacht wegraspeln, ist wie eine Feile mit zahlreichen kleinen Zähnchen aus Chitin bedeckt. Selbst außerhalb des Tierreichs findet der Stoff Verwendung. Die meisten Pilze stabilisieren damit ihre Zellwand. Nirgends aber wird Chitin so kreativ und vielfältig genutzt wie bei den Gliederfüßern. Dazu gehören außer den Insekten die Spinnentiere, die Tausendfüßer und die Krebse (S. 103). Sie haben das Zusammenspiel von Chitin und Proteinen in der Cuticula perfektioniert. Letztere machen ungefähr die Hälfte bis zwei Drittel der Cuticula aus und bestimmen die Eigenschaften wesentlich mit. Zum Beispiel wird das „Supergummi“ Resilin, ein extrem elastisches Protein, bevorzugt an Stellen eingesetzt, die enorm belastet sind, etwa im Libellenflügel, wo Mikrogelenke aus Resilin im Flügelgeäder elastische Energie speichern. Auch Heuschrecken, Flöhe und Zikaden verdanken dem Resilin ihre Sprungkraft (S. 72).

Das Geniale am Chitin-Protein-Verbund sind die unglaublich unterschiedlichen Eigenschaften und entsprechenden Einsatzmöglichkeiten, die je nach Anteil und Materialmix möglich sind. Die Cuticula kann zart und glasartig durchsichtig sein, wie bei den Flügeln. Sie kann eine weiche Haut bilden, wie bei vielen Insektenlarven, oder dort, wo sie Gelenke oder Panzerplatten verbindet. Sie kann aber auch stärker sklerotisiert sein – so nennt man es, wenn die Cuticula in einer Art Gerbungsprozess gehärtet, versteift und auch chemisch nahezu unangreifbar wird. Zu den am stärksten sklerotisierten Teilen der Insekten gehören die kräftigen und stark beanspruchten Mandibeln (Kieferzangen). Ich erinnere mich an meine allererste Begegnung mit einem Lederlaufkäfer (*Carabus coriaceus*), der sich zunächst mit einem stinkenden Sekret gegen meine zudringliche Neugierde zur Wehr setzte, und mir dann, als das nicht fruchtete, kurzerhand mit seinen kräftigen Mandibeln in den Finger biss. Da floss Blut. Selbst harte Insektenpanzer lassen sich mit solchen Beißwerkzeugen knacken – schließlich sind die Feinde vieler Insekten andere Insekten. Manche Arten härten die Mandibeln noch zusätzlich durch die Einlagerung von Metallen, bei der Wanderheuschrecke zum Beispiel Zink.

Auf der anderen Seite werden von der Cuticula auch noch die filigransten Strukturen gebildet, Sensoren, die alle möglichen Reize aus der Umwelt aufnehmen, die feinen Haare des Hummelpelzes oder die an Weltraumantennen erinnernden Fühler mancher Nachtfalter (S. 154).

— Gepanzert

Bei vielen Käfern ist die Cuticula wie hier beim Lederlaufkäfer (*Carabus coriaceus*) stark sklerotisiert. Das macht sie besonders stabil und ihre Mandibeln zu höchst wirkungsvollen Waffen.

Sound des Südens

Das Schnarren der Singzikaden (Cicadidae) sorgt für mediterranes Flair. Die Lautsprecher liegen seitlich an der Basis des Hinterleibs.

Die Musiker unter den Insekten nutzen die fantastischen Materialeigenschaften von Chitin ebenfalls äußerst fantasievoll. Das laute Schnarren der Singzikaden gehört als „Gesang des Südens" für viele zum Mittelmeer-Feeling und versetzt sie zuverlässig in Urlaubsstimmung. Andere packen sich verzweifelt Kissen auf die Ohren, um dem nicht enden wollenden Geräusch zu entkommen. Für den in der Provence lebenden Jean-Henri Fabre (1823–1915), einen Pionier der akribischen Insektenbeobachtung, war der Gesang der Zikaden ein „entnervendes Konzert, eine wahre Folter". Die Laute werden mit einem speziellen Apparat erzeugt, dem Trommel- oder Tymbalorgan. Dies liegt beiderseits an der Basis des Hinterleibs und besteht aus je einer Schallplatte, einem ovalen, mit Rippen verstärkten Membranfeld. Ein kräftiges Muskelpaar zieht die Schallplatte an und lässt sie dann wieder schnappen. Das Ganze funktioniert wie der Blechdeckel einer Konservendose, den man nach innen drückt und dann wieder loslässt; beide Mal knackt es kurz und trocken. Zikaden lassen ihre Schallplatten in hoher Frequenz springen, zwischen 200- und 10 000-mal pro Sekunde. Das Geräusch, das dabei entsteht, ist leise. So leise, dass es bei vielen Arten nur mithilfe technischer Hilfsmittel hörbar gemacht werden kann. Den leisen Zikaden geht es auch nicht ums gehört werden. Sie übertragen die Schwingungen auf die Pflanzen, auf denen sie sitzen, und kommunizieren auf diese Weise mit Artgenossen. Erst jüngst wurden bei der Rhododendronzikade (*Graphocephala fennahi*) hochempfindliche Vibrationssensoren zur Wahrnehmung solcher Untergrund-Schwingungen entdeckt. Ganz anders liegen die Dinge bei der für die mediterrane Musik zuständigen Singzikaden: Sie haben im Hinterleib ein raffiniertes Verstärkersystem aus mitschwingenden Lufträumen rund um die Schallmembran eingebaut und erreichen damit unglaubliche Lautstärken – wie bei einem Musikinstrument, bei dem die Schallquelle eher leise ist, aber durch Klangkörper verstärkt wird und obendrein dabei noch den charakteristischen Sound erhält. So unterschiedlich Gitarre, Posaune und Zikade sind: Das Prinzip ist das gleiche. Ein eigentlich leises Geräusch wird enorm verstärkt. Bei vielen Zikaden wurden Schalldruckpegel von bis zu 108 Dezibel gemessen, einzelne wie die australische Art *Cyclochila australasiae* sollen sogar ohrenbetäubende 120 Dezibel erreichen – das ist für uns Menschen an der Schmerzgrenze. Die im Mittelmeergebiet besonders häufige Gemeine Singzikade (*Tibicen plebejus*) singt in einer für uns gut hörbaren Tonhöhe von 4000–8000 Hertz, aber wir sind natürlich nicht die Adressaten des Gesangs. Das sind in erster Linie die Artgenossen bzw. Artgenossinnen. Jean-Henri Fabre, der den Schallapparat der Zikaden untersucht hat, bezweifelte allerdings die häufig gegebene Antwort über den „Zweck dieser Musikorgien", es „sei der Lockruf der Männchen an die Weibchen, ... die Kantate der Verliebten". Angesichts der dicht gepackt sitzenden und Pflanzensäfte saugenden Insekten spottete er: „Sollen wir diese endlose Kantilene für einen leidenschaftlichen Ruf halten? Ich bin mir nicht sicher. In der Versammlung sitzen die Geschlechter nebeneinander, und man ruft doch nicht monatelang jemanden, den man mit dem Ellenbogen stößt. Außerdem sehe ich nie ein Weibchen in das lauteste Orchester stürzen. Als Hochzeitsvorspiel reicht mir hier der Gesichtssinn, denn der ist ausgezeichnet. Der Bewerber braucht nicht dauernd eine Liebeserklärung zu machen, die Umworbene ist seine Nachbarin." Dessen ungeachtet geht man heute trotzdem davon aus, dass genau dies der Zweck des Zikadengesangs ist. Vielleicht will man ja nicht nur die Nachbarin überzeugen, sondern auch eine gewisse Fernwirkung erzielen? Dabei gibt es durchaus einen gewissen Wettbewerb, der die Evolution antreibt. Größere Männchen der Singzikade singen zum Beispiel tiefer und lauter. Ihre Musik ist deshalb noch in größerer Entfernung zu hören als die der kleineren Konkurrenten. Auch weiter entfernte Weibchen können auf sie aufmerksam werden und darauf reagieren – ein klarer Vorteil. Das führt zur nächsten Frage: Wo und wie hören die Zikaden eigentlich? Die Ohren der Zikaden, Tympanalorgan genannt, sitzen ebenfalls am Hinterleib, und zwar an der Unterseite. Ein hauchdünnes Trommelfell –

natürlich aus dem bekannten Chitin-Protein-Verbundstoff der Cuticula gebildet – wird durch die Schallwellen in Schwingung versetzt und überträgt diese Bewegungen auf Sensoren, die mechanische in elektrische Impulse übersetzen und ans zentrale Nervensystem weitergeben. Um nicht zu sehr vom Umgebungsschall abgelenkt zu werden, liegt die maximale Empfindlichkeit im Bereich der arteigenen Musik. Hintergrundlärm wird dadurch weitgehend ausgeblendet.

Nach so viel Lobeshymnen auf den Wunderstoff Chitin und das Außenskelett der Insekten kurz noch ein Blick auf die Schattenseiten: Die Cuticula wächst nicht mit. Wenn Insekten wachsen wollen, müssen sie sich häuten: Die Cuticula platzt auf und wird komplett durch eine neue, größere Außenhülle ersetzt. Das Wachstum ist auf die Jugendstadien beschränkt, die Larven (S. 107). Die letzte Häutung ist die zum erwachsenen, geschlechtsreifen und in der Regel flugfähigen Insekt, Imago genannt (Mehrzahl Imagines).

Wachstum in Etappen: Jede Häutung ist mit einem Wachstumsschub verbunden.

Der hormonell gesteuerte Häutungsvorgang beginnt damit, dass sich der zu eng gewordene Panzer von der darunter liegenden Hautschicht, der Epidermis, ablöst. Während die alte Cuticula von unten her abgebaut wird, bildet die Epidermis schon eine neue. Dabei werden auch Baustoffe des ausgedienten Panzers recycelt. Das neue, zunächst noch weiche und flexible Kleid ist größer als das alte, schlägt also anfangs Falten. Jetzt wird die alte Hülle gesprengt. Sie reißt an einer Häutungsnaht auf, die oben längs über Kopf und Brust zieht. Von innen hilft das Insekt nach, indem es „Blut“ (eigentlich Hämolymphe, mehr dazu auf S. 90) nach vorne drückt und dadurch dort sein Volumen vergrößert. Der Ausstieg aus der Exuvie, wie der abgelöste Panzer genannt wird, ist alles andere als einfach. Es werden sämtliche mit Cuticula überzogene Körperteile gehäutet, jedes Bein muss herausgezogen werden, ebenso die Antennen und schließlich sogar die Cuticula-Auskleidung der Tracheen und des Vorder- und Enddarms. Alles in allem also ein bisschen komplizierter als einfach eine Ritter-Rüstung abzulegen, was seinerzeit aber auch schon die Hilfe eines Knappen benötigte. Kaum der Hülle des alten Panzers entstiegen, wächst das Insekt innerhalb weniger Minuten zur neuen Größe heran – eine Zeit, in der es besonders verletzlich ist, und die deshalb so kurz wie möglich sein sollte. Abgeschlossen ist die Häutung, wenn die neue Cuticula sklerotisiert und der Panzer wieder hart geworden ist.

Während die Häutungen von Larve zu Larve, von der Größe abgesehen, oft keine besonders augenfälligen Veränderungen mit sich bringen, verändert sich der Insektenkörper mit der letzten Häutung meist stark. Mit der Imaginalhäutung wird aus der Larve das geflügelte und geschlechtsreife Insekt. Wer Zeuge einer solchen Häutung werden will, legt sich am besten an einem schönen Frühsommertag an den Rand eines pflanzengesäumten Gewässers, ein Gartenteich genügt. Vermutlich sitzen an den senkrechten Stängeln der Binsen oder anderer Uferpflanzen festgeklammert schon einige mehrere Zentimeter große graubraune Libellenlarven, die das Wasser über Nacht verlassen haben. Jetzt platzt die Larvenhaut an Kopf und Rücken, langsam arbeitet sich das Insekt aus der Hülle, befreit die Beine, zieht schließlich auch den langen Hinterleib heraus. Kurze Zeit später wundert man sich schon, wie die Libelle je in die Exuvie gepasst hat, so schnell streckt sich der Körper. Auch hier hilft das Insekt von innen nach, durch Erhöhung des „Blutdrucks“ und Aufnahme von Luft. Besonders erstaunlich ist, wie sich die vorher in winzige Pakete gepackten Flügel entfalten. Reglos sitzt die Libelle anschließend auf oder neben ihrer Larvenhaut und wartet darauf, dass ihre Cuticula erhärtet. Man kann den Prozess gut verfolgen, denn dabei werden auch die gedämpften Farben leuchtend klar und die milchigen Flügel durchsichtig. Jetzt heißt es aufpassen, um den Moment nicht zu verpassen – nach etwa einer Stunde ist es so weit: Die Libelle startet zum Jungfernflug. Zurück bleibt eine Exuvie, eine leere Hülle, im Inneren nur einige weiße Schläuche: gehäutete Tracheen.

Kein Wachstum ohne Häutung

Die Cuticula – die Außenhaut der Insekten – ist nicht dehnbar. Wachstum ist deshalb immer mit Häutung verbunden. Aus der letzten Häutung im Leben einer Hochmoor-Mosaikjungfer (*Aeshna subarctica*) geht die flugtüchtige geschlechtsreife Libelle hervor.

DIMENSIONEN: RIESEN UND ZWERGE

Mit der Häutung zur Imago ist das Wachstum endgültig abgeschlossen. Ein etwas mickrig ausgefallener Hirschkäfer hat also Pech gehabt und kann nicht hoffen, dass er noch etwas nachlegen kann, um seinem kapitalen Gegenspieler später doch noch Paroli zu bieten und im Kampf um die Weibchen zu obsiegen (S. 132). Solche oft sehr deutlichen individuellen Größenunterschiede innerhalb einer Art gehen auf eine unterschiedliche genetische Ausstattung und vor allem auf die Bedingungen zurück, unter denen das Insekt als Larve aufgewachsen ist.

Auch beeindruckende Insekten wie Hirschkäfer oder Schwalbenschwanz können nicht darüber hinwegtäuschen, dass die Welt der Insekten ein Mikrokosmos ist. Die Giganten im Insektenreich heißen zwar Goliath- und Herkuleskäfer, verdienen die Namen des biblischen Riesen oder des Superhelden der griechischen Sagenwelt aber nur, wenn man mit anderen Insekten vergleicht. Stellt man sie neben ein Säugetier, können sie allenfalls mit einigen Mäusen, Spitzmäusen und Fledermäusen mithalten. Der afrikanische Goliathkäfer (*Goliathus*) kann 115 Gramm auf die Waage bringen, der südamerikanische Herkuleskäfer

— Der Riese Goliath

Schwer wie eine Tafel Schokolade. Der afrikanische Goliathkäfer (*Goliathus goliatus*) gilt als schwerstes aller Insekten. Er fliegt wie seine ganze Rosenkäfer-Verwandtschaft mit geschlossenen Deckflügeln.

— **Willkommen im Mikrokosmos**

Die meisten Insekten sind klein – diese Erzwespe (Familie Eurytomidae) ist ungefähr zwei Millimeter groß.

(*Dynastes hercules*) bis zu 17 Zentimeter Länge erreichen, der brasilianische Riesenbockkäfer mit dem vielsagenden wissenschaftliche Namen *Titanus giganteus* übertrumpft ihn womöglich noch um wenige Millimeter, und es gibt Schmetterlinge mit einer Spannweite von bis zu 30 Zentimetern. Im Zeitalter des Karbons (vor 359–299 Millionen Jahren) war *Meganeura* unterwegs, ein libellenähnliches Rieseninsekt mit bis zu 70 Zentimetern Spannweite. Als absolutes heutiges Rekordinsekt gilt die erst im Jahr 2014 in der südchinesischen Region Guangxi entdeckte Riesenstabschrecke *Phyganistria chinensis* mit sagenhaften 64 Zentimetern Länge – doppelt so lang wie die vorher bekannten Rekordhalter aus der gleichen Gattung.

Solche Riesen sind aber Ausnahmen. Die meisten Insekten messen zwischen einem Millimeter und zwei Zentimetern. Die kleinsten sind fast nur noch mit der Lupe zu erkennen, wie die Zwergwespe *Dicopomorpha*

— **Nase dezentral**

Jedes Hinterleibsegment dieser wohlgenährten Skorpionsfliege (*Panorpa*) weist in der weichen Membran, die die harten Rücken- und Bauchplatten verbindet, einen kleinen ovalen Punkt auf. Das sind die Stigmen, die Öffnungen des Tracheensystems, über das die Atmung der Insekten läuft.

echmepterygis, deren flügellose Männchen 0,139 – 0,24 Millimeter „groß" sind. Das sind gerade einmal drei Haaresbreiten! Kaum größer ist die zur gleichen Familie gehörende Art *Kikiki huna*, die mit 0,158 Millimeter den Rekord für das kleinste geflügelte Insekt hält, oder die kaum 0,25 Millimeter große *Tinkerbella nana*. (Wundern Sie sich nicht über die manchmal merkwürdig klingenden wissenschaftlichen Namen. Wer eine Art als Erster wissenschaftlich beschreibt, hat das Recht und die Pflicht, ihr einen Namen zu geben. [Fast] einzige Bedingung: Er muss in das System passen, das Linné etabliert hat, muss also aus einem Gattungs- und einem Artnamen bestehen [S. 6]. *Kikiki* bedeutet auf Hawaiianisch „winziges

Stückchen", und *Tinkerbella* wurde nach der Fee Tinker Bell aus dem Bühnenstück „Peter Pan, oder der Junge, der nicht erwachsen werden wollte" benannt. Im Englischen heißen die Zwergwespen „fairyflies", also Feenfliegen.)

Was aber verhindert, dass Insekten größer werden? Das ist reine Physik. Die inneren Organe müssen mit Sauerstoff versorgt werden, sonst kommt der Stoffwechsel zum Erliegen. Bei uns funktioniert der Gasaustausch über die Lunge. Dort geht Sauerstoff ins Blut über und wird dann über den Blutkreislauf aktiv im ganzen Körper verteilt. Insekten haben ein komplett anderes System entwickelt: die Tracheen. Sauerstoff gelangt über äußere Öffnungen in ein Röhrensystem, das sich im Inneren immer stärker verästelt. Die Stabilität der Röhren wird durch eine spiralförmige Verstärkung aus (natürlich!) Chitin garantiert. Die Endverzweigungen der Tracheen, Tracheolen genannt, sind nur noch maximal einen Tausendstel Millimeter stark (genauer: 25 nm bis 1 µm). Sie umspinnen die Organe in engmaschigen Geflechten und schieben sich auch zwischen die Zellen. So gelangt der Sauerstoff dorthin, wo er gebraucht wird; umgekehrt wird das im Stoffwechsel anfallende Kohlenstoffdioxid (CO_2) von den Zellen in die Tracheolen abgegeben. Insekten sind also Sauerstoff-Direktversorger ohne Zwischenhändler. Ihr Blutkreislauf könnte das auch gar nicht leisten: Insekten haben nämlich keinen. Während die Atemgase bei uns zwischen Lunge und Verbraucher über das vom Schlag des Herzens angetriebene und durch die Adern strömende Blut sehr schnell transportiert werden, fehlt ein ähnlich effektiver Verteilmechanismus im Tracheensystem. Der Transport in den Tracheen wird lediglich durch Diffusion angetrieben, das Bestreben von Stoffen, sich gleichmäßig im Raum zu verteilen. Wird Sauerstoff im Inneren verbraucht, sinkt dort die Konzentration und frischer Sauerstoff strömt automatisch nach. Diffusion ist allerdings nicht besonders schnell, deshalb funktioniert sie nur über kurze Strecken einigermaßen effektiv. Die Wege von der Tracheenöffnung an der Körperoberfläche bis zum Verbraucher im Körperinneren dürfen deshalb nicht zu lang werden. Das begrenzt das Größenwachstum der Insekten.

Konstruktionsbedingt klein: Die Versorgung mit Sauerstoff über das Tracheensystem beschränkt die Größe von Insekten.

Die Wege werden auch dadurch kurzgehalten, dass Insekten nicht wie wir durch eine zentrale Nase am Kopf atmen. Die Grundausstattung, von der es aber auch zahlreiche Abweichungen gibt, sind zehn Paare von Atemöffnungen (Stigmen, Einzahl Stigma), die an den Seiten des mittleren und des hinteren Körperabschnitts liegen. Im Inneren sind die Röhren des Tracheensystems miteinander verbunden. Besonders große Lufträume liegen dort, wo besonders großer Sauerstoffbedarf herrscht, vor allem im Bereich der Flugmuskulatur: Sauerstofftanks für schnellen Nachschub. Der lahmen Diffusion lässt sich auch durch Körperbewegungen etwas nachhelfen. Während des Flugs drücken die arbeitenden Muskeln diese Hohlräume im Rhythmus der Flügelschläge zusammen, dabei wird Luft ausgestoßen und angesaugt. Und wenn Maikäfer vor dem Start heftig „pumpen", bringt das den Gasaustausch im Körper in Schwung. Die Stigmenöffnungen sind keine einfachen Löcher, sondern mit einem reusenartigen Haarkranz gegen Fremdkörper gesichert. Sie können auch sehr effektiv verschlossen werden, um zum Beispiel an heißen Tagen zu großen Wasserverlust durch Verdunstung zu vermeiden. Dabei arbeitet jedes Stigma unabhängig von den anderen. So ist jederzeit eine zielgenaue Versorgung gewährleistet.

Noch einmal zurück zum Thema Rieseninsekten: Die Geschwindigkeit der Diffusion hängt entscheidend vom Konzentrationsgefälle ab. Je größer der Unterschied, desto schneller der Transport. Heute beträgt der Sauerstoffgehalt der Atmosphäre 21 %, aber wir wissen, dass er im Lauf der Erdgeschichte auch erheblich schwankte und Werte bis zu 35 % erreichte. Lebte das ausgestorbene Rieseninsekt *Meganeura* im Karbon vielleicht in einer Zeit erhöhten Sauerstoffgehalts und konnte deshalb so groß werden? Das war die vorherrschende Theorie, bis die Paläontologen Matthew Clapham und Jered Kerr von der University of California die Maximalgrößen von über 10 500 fossilen Insekten mit dem Sauerstoffgehalt der Atmo-

— **Konkurrenz im Luftraum**

Viele Vögel leben wie dieser Wiesenpieper (*Anthus pratensis*) von Insekten. Die Paläontologie liefert Hinweise, dass jagende Vögel, später auch Fledermäuse, den Luftraum für sehr große Fluginsekten so unsicher gemacht haben, dass diese verschwanden.

sphäre der letzten 320 Millionen Jahre verglichen. Tatsächlich fanden sie für die erste Hälfte dieses Zeitraums eine Beziehung zwischen Sauerstoffgehalt und Insektengröße: Mehr Sauerstoff, größere Insekten. Vor 150 Millionen Jahren änderte sich die Situation aber. Die jeweils größten Insekten wurden kleiner, auch wenn mehr Sauerstoff in der Atmosphäre war. Warum? Die Antwort liegt wohl jenseits der Physik: Um diese Zeit schwangen sich die ersten Vögel in die Luft, die bis heute zu den wichtigsten Insektenjägern gehören. Nochmal beschleunigt hat sich der Abwärtstrend der Maximalgröße bei den Insekten vor 90–60 Millionen Jahren, als immer mehr gut fliegende Vogelgruppen entstanden und auch die Nacht nicht mehr sicher war, weil dort jetzt Fledermäuse jagten. Gut möglich, dass Vögel und Fledermäuse dafür sorgen, dass die fliegenden Insekten heutzutage das physikalisch mögliche Größenlimit nicht mehr erreichen.

FARBEN UND STRUKTUREN

Unauffälliges Schwarz oder Braun wird auch in der Welt der Insekten gerne getragen. Stark sklerotisierte Teile nehmen durch die Gerbung (S. 38) automatisch dunkle Farben an, und auch die Einlagerung dunkler Pigmente (Melanine) ist häufig. Aber ansonsten ist die Welt der Insekten eher bunt. Man trifft auf viele Farben, dezent oder schrill, uni oder gemustert – alles ist erlaubt. Alle möglichen Farbpigmente können in der Cuticula oder in Haaren und Schuppen eingelagert sein. Manche entstammen dem Stoffwechsel der Insekten, andere werden mit der Nahrung aufgenommen. Zartere Insekten haben manchmal eine durchsichtige Oberfläche, sodass das Innenleben durchschimmert.

Die allerschönsten Farben entstehen nicht durch die Einlagerung von Pigmenten, sondern durch einen optischen Trick. Den physikalischen Effekt dahinter zu erklären ist nicht ganz einfach (und an dieser Stelle auch nicht unbedingt nötig). Hier nur so viel, am Beispiel des Blauen Morphos (*Morpho peleides*), eines spektakulären, leuchtend blauen Schmetterlings aus den tropischen Regenwäldern Mittel- und Südameri-

— Farbenpracht

Unterschiedliche Pigmente färben die Schuppen auf Schmetterlingsflügeln und erzeugen komplexe Muster.

— Leuchten und schillern

Ein Morphofalter (*Morpho rhetenor*) aus der Sammlung des Naturkundemuseums Stuttgart. Die Farben verändern sich je nach Blickrichtung.

kas. Seine Flügel sind, wie sich das für Schmetterlinge gehört, mit Schuppen bedeckt. Diese enthalten allerdings keine Farbpigmente, wie die vieler anderer Arten. Dagegen zeigen sie eine interessante Struktur: Feine Rillen überziehen ihre Oberfläche. Bei extremer Vergrößerung (blättern Sie um) zeigt sich, dass diese Längsrippen beiderseits mehrere Stockwerke von Seitenästchen tragen, die alle in einem Winkel von 8° abstehen – im Schnitt sehen die Rippen fast aus wie kleine Tannenbäumchen. Diese Nanostrukturen sind für den Farbeffekt verantwortlich. Sie reflektieren das einfallende Licht. Durch die Überlagerung von Reflektionen der verschiedenen Stockwerke löschen sich manche Farben aus. Welche Farben ausgelöscht werden und welche am Schluss übrigbleiben, wird durch den Abstand und Winkel der Ästchen bestimmt, die das Licht reflektieren. So entsteht das fantastische Blau des Morphofalters, dessen Intensität sich je nach Betrachtungswinkel ändert. Man muss aber nicht in den tropischen Regenwald Südamerikas reisen, um

— Großer Schillerfalter

Nicht ganz so spektakulär wie die tropischen Morphos, aber mit bis zu sieben Zentimeter Spannweite auch recht stattlich: Der heimische Große Schillerfalter (*Apatura iris*) verdankt sein Blau ebenfalls Mikrostrukturen der Flügelschuppen.

solche Effekte zu genießen. Die Farben des heimischen Großen Schillerfalters (*Apatura iris*) entstehen auf ganz ähnliche Weise. Bei ihm stehen die Ästchen im Winkel von 18° von den Stämmchen ab. Damit ändert sich auch der Farbeindruck.

So schwierig die Aufklärung einer solchen Struktur ist – noch viel komplexer ist die Frage nach dem Warum. „Nothing in biology makes sense except in the light of evolution" (nichts in der Biologie ist sinnvoll, außer im Licht der Evolution betrachtet) – an dem viel zitierten Bonmot des Evolutionsbiologen Theodosius Dobzhansky aus dem Jahr 1937 muss sich alles messen lassen.

Steigert blaues Schillern vielleicht den Fortpflanzungserfolg? Dafür gibt es zumindest Hinweise. Die Männchen der Art *Morpho amathonte* sind territorial, und je leuchtender das Blau ihrer Flügel, desto effizienter verteidigen sie ihr Areal gegen andere Männchen. Damit haben sie bessere Paarungschancen bei den Weibchen, die die regelmäßigen Flüge der Männ-

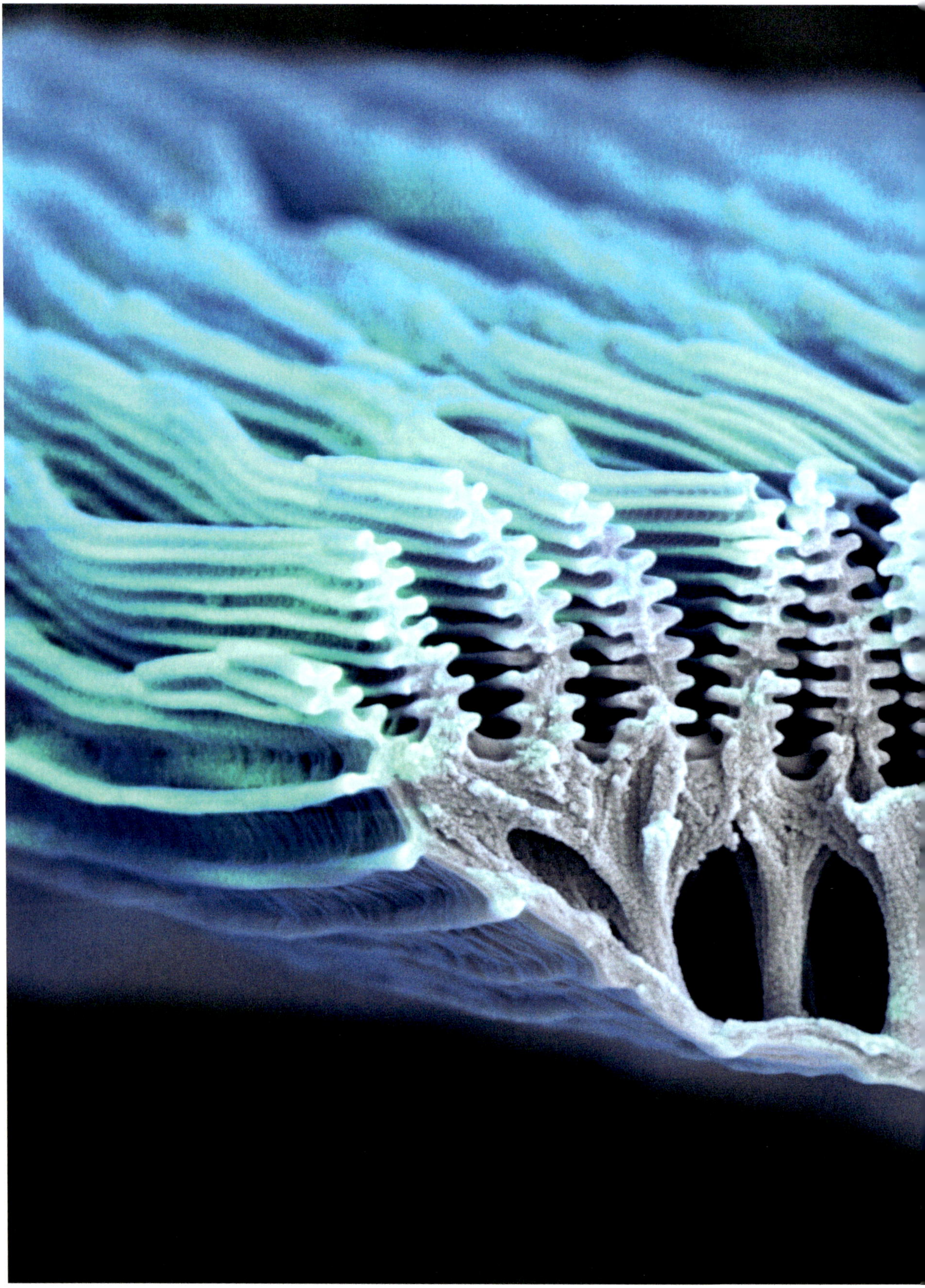

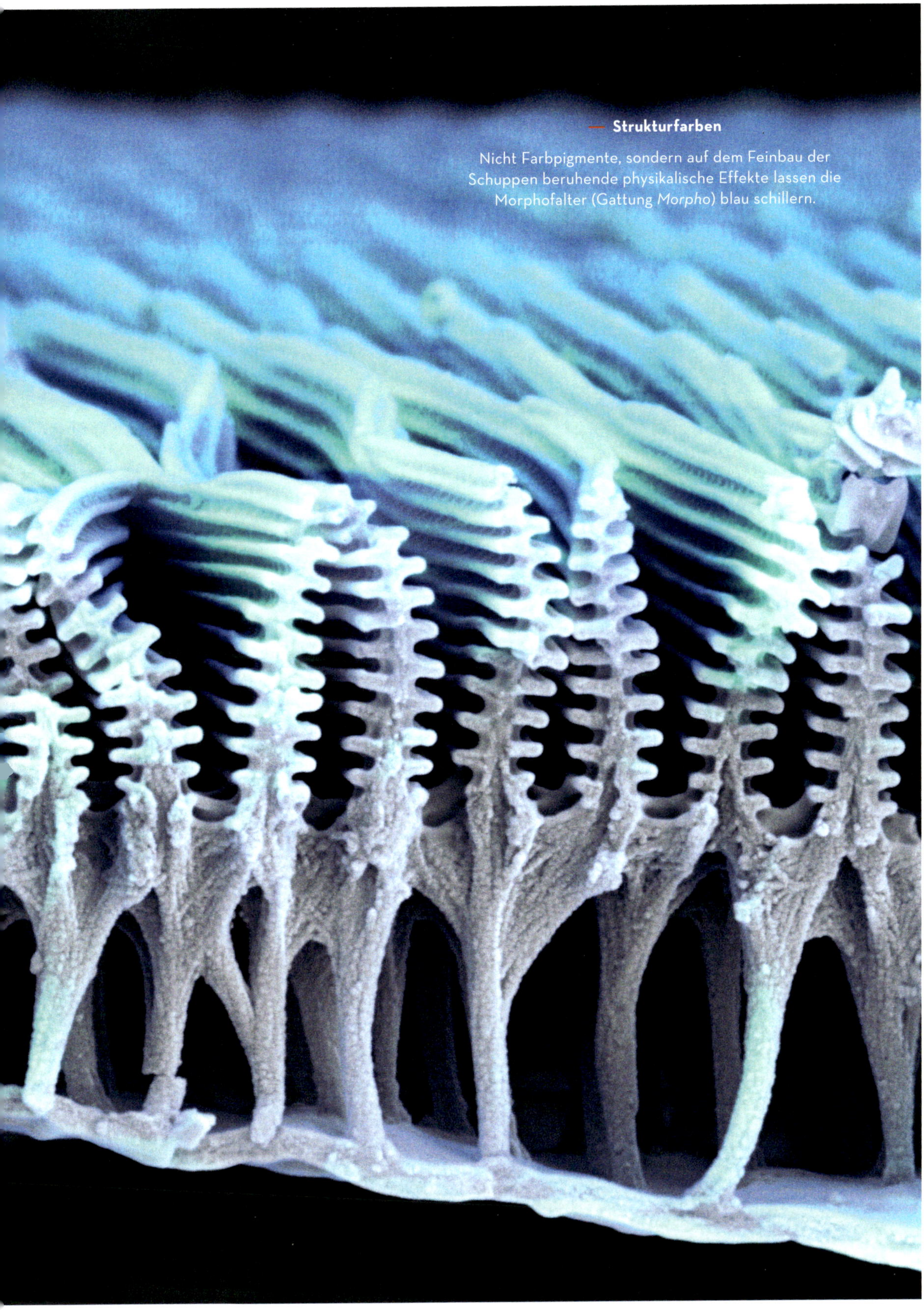

Strukturfarben

Nicht Farbpigmente, sondern auf dem Feinbau der Schuppen beruhende physikalische Effekte lassen die Morphofalter (Gattung *Morpho*) blau schillern.

— **Weggeklappt**

Schließt ein Morpho die Flügel, ist vom schillernden Blau nichts mehr zu sehen. Die Unterseite der Flügel trägt Tarnfarben und abschreckende Augenflecken.

chen über ihr Territorium aufmerksam verfolgen. Andere tun das allerdings auch, insektenjagende Vögel zum Beispiel. Gegenüber dem Vorteil, mehr Weibchen für sich zu gewinnen, scheint das Risiko, erbeutet zu werden, für *Morpho amathonte* aber überschaubar. Die Art ist besonders flugtüchtig und entkommt deshalb selbst auf fliegende Schmetterlinge spezialisierten Vögeln. In einem Gebiet hatten 80 % der weniger leuchtend gefärbten (und weniger flugtüchtigen) Falter anderer *Morpho*-Arten Flügelverletzungen durch Vogelschnäbel, während alle *Morpho amathonte* unversehrt waren. Möglich, dass die frustrierten Vögel gelernt hatten, dass sich die Verfolgung eines besonders blauen Morphos nicht lohnt, weil man den eh nicht kriegt. Aber auch die weniger intensiv gefärbten Arten sollten unterm Strich von der blauen Farbe profitieren. Darüber wird heftig diskutiert. Haben vielleicht doch alle Morphos gegenüber anderen, weniger flugtüchtigen Schmetterlingen Vorteile und profitieren vom Signal „Schillerblau = schwer zu erwischen“? Werden Feinde dadurch verwirrt, dass beim schnellen Flug immer wieder die schillernde Oberseite der Flügel aufblitzt und sofort wieder verschwindet, wenn die dunkler Flügelseite erscheint?

Das macht die Berechnung ihrer Flugbahn jedenfalls ziemlich schwierig – eine Erfahrung, die auch Menschen auf Morphojagd immer wieder machen. Oder liegen die Vorteile vielleicht gar nicht in der Farbe, sondern in der durch die Mikrostruktur besonders wasserabstoßenden Oberfläche?

„Why are Morpho blue?" (Warum sind Morphos blau?) – das diskutieren sieben Expertinnen und Experten in einem langen Fachartikel im Jahr 2018, um am Ende etwas resigniert festzustellen, man habe Morphos seit über einem Jahrhundert gesammelt, aber nach wie vor viel zu wenig Ahnung von der Biologie und Ökologie dieser Schmetterlinge, um diese Frage schlüssig zu beantworten. Klappen wir an dieser Stelle also die Flügel zu: Damit verbergen alle Morphos, wenn sie ruhen, ihre schillernde Oberseite und zeigen sich im braunen Tarnkleid mit großen Augenflecken, die bei vielen Organismen der Abschreckung von Fressfeinden dienen.

Ein Faktor spielt für die biologische Evolution allerdings wohl keine Rolle: Die fast unendliche Haltbarkeit der blauen Schillerfarbe. Farbeffekte, die auf Strukturen zurückgehen, sind unzerstörbar. Morphofalter oder Rosenkäfer, die vor 200 Jahren gesam-

— Leuchtende Panzer

Die Goldwespe (*Chrysis*) zeigt: Metallisch glänzende Strukturfarben sind weder auf Schmetterlinge noch auf Flügel beschränkt.

— Nur ein trockenes Blatt…

Die Kupferglucke (*Gastropacha quercifolia*), mit über 6 cm Spannweite ein durchaus stattlicher Schmetterling, kann sich auf ihre Tarnung verlassen.

melt wurden, schillern wie am ersten Tag. Und sie brillieren auch noch nach Jahrmillionen, allerdings nicht mehr ganz in Originalfarbe, sondern leicht in den langwelligen Bereich verschoben. Aus Violett im Leben wurde Blau im Fossil, aus Blau wurde Grün. Zu diesem Schluss kam jedenfalls eine Gruppe von Forschenden nach der Untersuchung fossiler Käfer im Alter von 15–47 Millionen Jahren. Auf Pigmenten beruhende Farben verbleichen dagegen meist schnell, wenn sie dem Licht ausgesetzt sind. Für die kurze Lebensspanne eines Insekts ist das vermutlich kaum relevant, für wissenschaftliche Sammlungen in Museen schon. Sie werden deshalb grundsätzlich dunkel aufbewahrt.

Nicht immer ist die Frage nach der Bedeutung der Farbe so schwierig zu klären. Oft dient die Färbung offensichtlich der Tarnung: Das Große Heupferd ist grün wie die Blätter, zwischen denen es sich bewegt. Die Ameisen auf dem Waldboden fallen ebenso wenig auf wie die zahllosen Nachtfalter, die den Tag über irgendwo reglos sitzen – oft völlig offen und doch durch ihre Tarnfarben fast unsichtbar. Auch wirklich bunte Insekten sind in freier Wildbahn oft unauffällig. Sie verschwinden optisch in ihrer ebenso bunten Umwelt, angesichts der überall lauernden Fressfeinde ein klarer Vorteil. Viele Insekten verstärken diesen Effekt noch, indem sie nicht nur farblich angepasst sind, sondern auch Strukturen imitieren (das wird Mimese genannt, nach altgriechisch mimesis = Nachahmung). Spannerraupen und Stabheuschrecken gleichen Stöckchen und Ästchen, manche Zikaden sind als Pflanzendornen getarnt. Besonders beliebt ist, wie ein Blatt auszusehen, wobei der Perfektion kaum Grenzen gesetzt sind: Blattstiele, Blattaderung, Pilzbefall, Fraßspuren – man muss oft sehr genau hinschauen, um die Täuschung zu erkennen. Damit die Tarnung nicht auffliegt, darf man natürlich selbst nicht auffliegen. Zur perfekten Tarnung gehört auch, sich so zu verhalten wie ein Stöckchen oder ein Blatt. Wer sich bewegt, sollte das möglichst unmerklich tun.

Andere Insekten legen es dagegen direkt darauf an, gesehen zu werden. Überwiegend sind dies Arten, die schlecht schmecken, wie zum Beispiel Marienkäfer und Feuerwanzen, oder die wehrhaft sind, wie Wespen und Bienen. Klassische Warnfarben sind gelb, orange und rot. Meist werden sie mit dunklen Bereichen zu Mustern kombiniert und erreichen dann auch Fressfeinde, die mehr oder weniger farbenblind sind, wie zum Beispiel die meisten Säugetiere. Welches Insekt schmackhaft ist und welches nicht, ist schnell gelernt. Das haben zahlreiche Versuche gezeigt, in denen Insekten den unterschiedlichsten Fressfeinden angeboten wurden. Sind diese unerfahren, greifen sie natürlich erst mal zu. Sobald sie aber schlechte Erfahrungen gemacht haben, vergessen sie das nicht so schnell. Viele erinnern sich noch nach Monaten oder Jahren daran und meiden die ekelhafte Nahrung fortan. Versuche mit handaufgezogenen, sechs Wochen alten und somit gänzlich unerfahrenen Staren gaben Hinweise, dass sich die Vorsicht gegenüber Warnfarben schon Richtung Erbgut vorgearbeitet hat. Jedenfalls schloss der Experimentator dies daraus, dass die Jungstare lieber nach einfarbig grünen, gelben oder braunen Insekten-Attrappen pickten als nach wespenähnlich schwarz-gelb geringelten. Es gebe „anfängliche Tendenzen zum Meiden warnfarbiger Beute, die durch unangenehme Erfahrung ergänzt werden muß“. Wie auch immer: Das Lernen spielt mit Sicherheit eine wesentlich größere Rolle!

Die Standardisierung von Warnfarben hilft allen potenziellen Beutetieren. Ein Vogel, der mit einer Deutschen Wespe (*Vespula germanica*) schmerzhaft gelernt hat und später einer Hornisse (*Vespa crabro*) oder einer Feldwespe (*Polistes*) begegnet, überträgt die Erfahrung und lässt sämtliche Wespen in Frieden – ganz genauso, wie wir Menschen das auch machen. Dass das so gut funktioniert, ist gleichzeitig eine Einladung zum „Betrug“: Könnte man vielleicht als schmackhaftes und wehrloses Insekt einfach unter den Schutzschild der Wespen kriechen, indem man sich deren Warntracht zulegt und die gleichen Signale benutzt? Tatsächlich ist das unter Insekten weit verbreitet. Das Phänomen, sich auf diese Weise unter Vorspiegelung falscher Tatsachen Vorteile zu verschaffen, wird Mimikry genannt.

Schwebfliegen gehören zu den überzeugendsten Doppelgängern. Es gibt unter ihnen verschiedene Wespenimitate, ganz unterschiedliche Hummelnachahmer und alle möglichen falschen Bienen. Unter letzteren ist die „Mistbiene“ (*Eristalis tenax*) die häufigste – und sie hält mit ihrem Honigbienen-Look auch uns Menschen gründlich zum Narren. Vom Instagram-Post über zahlreiche Zeitungsartikel bis hin zu Buchtiteln: Was uns da als Honigbiene verkauft wird, ist in vielen Fällen keine, sondern eine Mistbiene, eine Fliege also.

Schon vor zweitausend Jahren geht ihr der römische Dichter Ovid (43 v. Chr.–17 n. Chr.) auf den Leim. In seinem um die Zeitenwende erschienenen Hauptwerk „Metamorphosen“ heißt es:

— Finger weg – bin giftig!

Das ist die Botschaft der ganz und gar harmlosen Schwebfliege *Sphiximorpha subsessilis*, die mit ihrer Färbung, den unfliegenmäßig langen Fühlern und einer angedeuteten Wespentaille ihre wehrhaften Vorbilder detailgetreu kopiert.

Geh und geschlachteten Stier von erlesener Güte verscharre:
Wie die Erfahrung lehrt, gehn blumenbenaschende Bienen
Bald aus dem Aase hervor, die emsig nach Sitte des Zeugers
Schaffen im Feld und fördern das Werk und sich mühen in Hoffnung.

Dichterische Freiheit, die sich an die Realität nicht zu halten braucht? Aus den Fingern gesaugt hat sich Ovid das allerdings nicht; er greift auf „Wissen" seiner Zeit zurück. Fast alle Autoren der Antike, der große Aristoteles ausgenommen, der dazu beredt schweigt, verbreiten diese als „Bugonie" bekannte Geschichte (nach griech. bous = Rind und goneia = Erzeugung). Dichter wie Vergil (70–19 v. Chr.) ebenso wie naturkundliche Autoren, unter ihnen zum Beispiel Plinius der Ältere (23/24–79 n. Chr.) in seiner berühmten naturkundlichen Enzyklopädie „Naturalis historia" (Naturgeschichte). Später lobt Claudius Aelianus (um 170–nach 222 n. Chr.) das Rind in seinem Werk „De natura animalium" (Über die Natur der Tiere) als vielfach nutzbares Haustier: „Selbst nach dem Tode ist das Rind eine vortreffliche und preiswürdige Sache. Denn aus seinen Resten erwachsen Bienen, das arbeitsamste Tier, das den Menschen die beste und süßeste Frucht, den Honig, bereitet."

Noch viel älter ist das um das Jahr 560 v. Chr. entstandene „Buch der Richter" in der Bibel. Dort wird erzählt, wie der Held Samson einen Löwen erschlägt, einige Tage später nachschaut und „Siehe, da war ein Bienenschwarm in dem Leibe des Löwen und Honig". Hier sei zugutegehalten, dass dies eher als Wunder geschildert wurde und nicht, wie noch im Mittelalter, als Normalität.

In ihrer Detailgenauigkeit besonders kurios liest sich die Darstellung aus der Geoponica, einem um das Jahr 950 n. Chr. zusammengestellten zwanzigbändigen Sammelwerk über verschiedene Zweige der Landwirtschaft, das weit verbreitet war und in zahlreiche Sprachen übersetzt wurde:

— Mistbiene

Große Augen und kurze Fühler sollten Sie misstrauisch machen. Sie passen nicht zur Honigbiene, wohl aber zur Schwebfliege *Eristalis tenax*. Diese trägt wegen ihrer frappierenden Bienenähnlichkeit und ihrer Larvalentwicklung in eutrophen Gewässern bis hin zu Jauche den volkstümlichen Namen „Mistbiene".

„Man sollte einen hohen, zehn Ellen messenden Raum haben, 10 Ellen breit und ebenso lang nach jeder Seite. Es sei ein einziger Zugang offen gelassen, aber es sollten vier Fenster da sein, in jeder Wand eines. Hier hinein führe man einen dreißig Monate alten, fetten, ganz prallen Ochsen. Man lasse um ihn viel Jünglinge im Kreise sich sammeln, die kräftig auf ihn losschlagen und ihn mit Keulen zu Tode prügeln sollen, indem sie dabei gleichzeitig Fleisch und Knochen zerschlagen. Sie müssen aber achtgeben, dass der Stier nicht irgendwo blutet – denn aus dem Blut entwickelt sich keine Biene – und dürfen bei den ersten Schlägen nicht heftig dreinhauen. Gleich danach muss jede Öffnung an dem Ochsen mit reinen und weichen Tüchern, die man mit Harz bestrichen hat, verstopft werden, also die Augen, die Nasenlöcher, der Mund und die Öffnungen, welche die Natur zur notwendigen Entleerung geschaffen hat. Dann sollen die Leute den Boden dick mit Thymian bestreuen, den Stier mit dem Rücken darauf legen und dann gleich den Raum verlassen und den Eingang und die Fenster mit Lehm dicht zustreichen, sodass weder Luft noch Windzug ein- und durchdringen kann. In der dritten Woche aber muss man überall öffnen und Licht und reine Luft einlassen... Scheint es dann, als habe die Materie Leben angenommen, indem sie genug Hauch eingesogen, so muss man wieder in der angegebenen Weise mit Lehm zuschließen. Zehn Tage später öffnet man wieder und wird alles voll Bienen finden, die in Trauben aneinander hängen, und von dem Stier nur die Hörner, Knochen und Haare als Überbleibsel, sonst nichts. Man will behaupten, aus dem Gehirn entstünden die Königinnen, aus dem Fleisch aber die anderen Bienen."

So absurd sie ist: Die Geschichte hält sich hartnäckig bis in die frühe Neuzeit. Noch im Jahr 1567 heißt das entsprechende Kapitel in einem landwirtschaftlichen Fachbuch „Von den Bynen, wie sie aus einem todten Rind wachsen". Dann erst überwanden wissenschaftlich exakte Beobachtungen und empirische Forschung solche Vorstellungen. Statt immer nur abschreibend aus den Quellen der Antike zu schöpfen, wurde frisch hingeschaut – und die Geschichte der Entstehung der Bienen aus Aas löste sich in nichts auf. Das heißt: in fast nichts. Denn Insekten sind schon im Spiel, aber eben keine Bienen, sondern Fliegen, „Mistbienen", deren Larven sich in nährstoffreichen Gewässern und in Jauchegruben entwickeln, aber auch vor Kadavern nicht zurückschrecken.

Man ist geneigt, über die Naivität unserer Vorfahren zu lachen, aber die Ähnlichkeit der Mistbienen mit den Honigbienen ist wirklich frappierend. Färbung, Größe, Proportionen und Behaarung stimmen ziemlich überein. Sie verhalten sich auch ganz ähnlich wie Bienen, die von Blüte zu Blüte fliegend Pollen und Nektar sammeln. Im Flug zieht die Fliege die dünnen Hinterbeine oft an und klappt Schenkel und Schienen zusammen – dann ähneln diese den dickeren Sammelbeinen der Biene. Und auch das typische Summen der Biene hört man ganz ähnlich von der Fliege, die dazu ihren Flugmotor im Leerlauf brummen lassen kann. Trotzdem sind die antiken und mittelalterlichen Gebrauchsanweisungen schwer nachzuvollziehen. Schließlich werden Bienen seit 7000 Jahren von Imkern gehalten, die über das Leben der Bienen und die Gewinnung von Honig genau Bescheid wussten. Sie hätten vermutlich über die gelehrten Texte schallend gelacht – wenn sie sie hätten lesen können. Das aber war der Oberschicht und dem Klerus vorbehalten.

Wenn man schon *Homo sapiens*, den „weisen Menschen", so einfach hinters Licht führen kann, sollte es bei anderen Lebewesen auch funktionieren. Be-

— A bee or not a bee

Ups – hier wird ein nationaler Honigbienentag mit dem Foto einer Schwebfliege gefeiert. Verwechslungen wie diese sind an der Tagesordnung und zeigen, wie gut Mimikry funktioniert.

— Kein Schutz ist absolut

Kein Respekt vor wehrhaften Hautflüglern: Den Bienenfresser (*Merops apiaster*) schrecken Hummeln, Wespen oder Bienen nicht.

hauptet ist das schnell. Einen einwandfreien Nachweis zu führen ist schon schwieriger. Ziehen die Nachahmer aus ihrer Ähnlichkeit mit giftigen oder schlecht schmeckenden Vorbildern tatsächlich einen Vorteil?

Für die Schwebfliegen knackte der Biologe Gerhard Mostler diese Nuss in vorbildlicher Weise bereits 1935. In einer großen Voliere testete er 19 heimische Vogelarten, die sich vollständig oder ganz überwiegend von Insekten ernähren, darunter vier Grasmückenarten, die ihre Nahrung im Gebüsch suchen, das Rotkehlchen, das am Boden unterwegs ist, Gelbspötter und Gartenrotschwanz, die eher in Bäumen leben, ebenso wie Hausrotschwanz, Steinschmätzer und Braunkehlchen, die offenes Gelände bevorzugen. Mit dem Grauschnäpper und dem Trauerschnäpper waren auch zwei Jäger im offenen Luftraum dabei. Den kräftigsten Schnabel hatte der Neuntöter, der neben Insekten auch kleine Wirbeltiere überwältigen kann. Versuchstiere auf der anderen Seite waren Honigbienen sowie verschiedene Wespen- und Hummelarten und ihre entsprechenden Schwebfliegen-Nachahmer im Bienen-, Wespen- und Hummel-Look. Sie wurden in den Volieren freigelassen, dann wurde genau beobachtet, was geschah.

Starten wir mit den Wespen: Diese wurden von fast allen Vögeln (85,2 %) komplett ignoriert, nicht aber von Grauschnäpper und Neuntöter, die viele Wespen erbeuteten. Den Vögeln unters Futter gemischte, zu Brei gequetschte Hinterleiber von Wespen riefen deutliche Reaktionen hervor: Wespe schmeckt offensichtlich eklig, selbst wenn man den Giftapparat vorher entfernt hatte. Das scheint, zumindest unter Vögeln, abschreckender zu sein als die Furcht vor einem Stich.

Der gleiche Versuch mit den Bienen (darunter auch Drohnen, die nicht stechen können) zeigte ein geringfügig höheres Risiko, zur Beute zu werden, aber auch hier wurden 70,5 % kaum beachtet. Die restlichen wurden angegriffen, aber meist nicht gefressen. Auch hier gab es zwei Vogelarten, die wenig Hemmungen hatten, Bienen zu jagen, nämlich die beiden Schnäpperarten. Und wie der Wespenbrei stieß auch der Bienenbrei auf wenig Gegenliebe und wurde unter deutlichen Ekelreaktionen verschmäht.

Anders bei den Hummeln. Deren Fleisch wurde gerne genommen, sie scheinen also lecker zu schmecken. Erbeutet wurden sie allerdings nur vom Neuntöter, dem größten unter den Versuchsvögeln, dessen

Schnabel durch einen markanten Zahn auch besonders gefährlich ist. Ihre Größe und ihr harter Panzer schützen die Hummeln zuverlässig vor kleineren Insektenfressern. Eine junge, gänzlich unerfahrene Dorngrasmücke, die mit einer Hummel gefüttert wurde, brauchte jedenfalls 18 Minuten, bis sie die Hummel zerlegt und gefressen hatte (übrigens ohne dass die Hummel sich gewehrt und zugestochen hätte). Anschließend notierte Mostler: „Der Vogel war nach dem Verschlucken sehr erschöpft, er saß aufgeplustert mit zusammengekniffenen Augen etwa eine Viertelstunde auf seiner Käfigstange." Von Mal zu Mal wurde seine Motivation, es mit Hummeln aufzunehmen, geringer und schließlich machte es der junge Vogel wie die alten, erfahrenen: Er ignorierte die Hummeln. Der Aufwand, sie zu erbeuten und zu zerlegen, ist zu groß.

Alle drei Insektengruppen haben also große Überlebenschancen. Wespen und Bienen werden gemieden, weil sie schlecht schmecken, Hummeln, weil sie zu gut gepanzert sind. Was aber geschieht mit ihren Nachahmern, den Schwebfliegen, die sich in den entsprechenden Versuchen in Breiform samt und sonders als Leckerbissen erwiesen? In vielen ausgeklügelten Versuchen wurden mal die Vorbilder, mal die Nachahmer zuerst angeboten, mal beide zusammen; ebenso wurden erfahrene wie unerfahrene Vögel getestet. Die Quintessenz: Der Schutz funktioniert, wenn auch nicht absolut. Als Beispiel wieder die Mistbiene: Wird sie den Vögeln vor der Biene angeboten, werden 85 % von ihnen gefressen. Wird dagegen die Biene vorher angeboten, werden nur noch 61 % der Mistbienen erbeutet. Der Schutz wirkt auch über den Augenblick hinaus: Einzelne Vögel konnten sich bis zum Ende der Versuche 14 Monate später noch an ihre Erfahrungen erinnern. Die Zahlen mögen jetzt vielleicht nicht besonders beeindruckend klingen, aber der Unterschied – 39 % Überlebende gegenüber 15 % – ist auf jeden Fall groß genug, um zu erklären, dass sich Mimikry als evolutionäres Erfolgsrezept lohnt.

„Schafe im Wolfspelz" – so auszusehen wie ein wehrhaftes Insekt kann das eigene Leben retten.

RECHENZENTRALE: DER KOPF

Spontan verorten wir am Kopf die wichtigsten Sinnesorgane: Augen zum Sehen, Ohren zum Hören, die Nase zum Riechen, der Mund zum Schmecken. Die beiden letzteren auch noch zur Aufnahme lebenswichtiger Stoffe: Sauerstoff und Nahrung. Und im Kopf das Gehirn, der zentrale Rechner, in dem sämtliche Sinneseindrücke verarbeitet werden.

Nase und Ohren vermissen wir am Insektenkopf. Die Atmung funktioniert über Tracheen (S. 47), deren Öffnungen am Brustabschnitt und am Hinterleib liegen. Das Riechen übernehmen bei vielen Insekten die beiden Fühler oder Antennen. Sie sind vollgepackt mit Sinneszellen und reagieren zum Teil unvorstellbar empfindlich auf chemische Signale – dazu später mehr (S. 155). Fehlanzeige auch bei den Ohren. Viele Insekten haben überhaupt keine speziellen Sinnesorgane für Schall, und wer sie hat, trägt sie nicht unbedingt am Kopf. Hörorgane können bei Insekten an zehn verschiedenen Körperteilen sitzen und ganz unterschiedlich gebaut sein – ein Hinweis darauf, dass das Hören im Lauf der Evolution bei verschiedenen Insektengruppen mehrmals unabhängig voneinander entstanden ist. Bei Zikaden sitzen die Ohren auf der Unterseite des Hinterleibs (S. 41), bei den Heupferden in den Vorderbeinen, bei der Raupenfliege *Ormia* (S. 161) in der Vorderbrust. „Kopfhörer" sind dagegen die Männchen der Stechmücken. Das nervtötende Sirren der blutlüsternen Weibchen – die Männchen stechen nicht – ist Musik in ihren Ohren. Die feinen Luftschwingungen des Schalls bringen ihre riesigen büschelförmigen Antennen zum Schwingen. Diese sitzen auf beweglichen Platten, deren Ausschläge von Sinneszellen registriert werden. Nicht nur Schall, auch andere Luftbewegungen liefern Informationen, zum Beispiel der beim Fliegen entstehende Fahrtwind. Dann werden die Antennen zum Tachometer.

Meist unübersehbar sind die Augen. Teilweise nehmen sie fast den ganzen Kopf ein, bei Libellen zum Beispiel, und noch viel extremer bei den Augenfliegen, bei denen am Kopf kaum mehr Platz ist für andere Organe wie Fühler und Mundwerkzeuge. Insektenaugen

— **Schau mir in die Augen**

Das Insektengesicht wird durch Facettenaugen, ein Antennenpaar und Mundwerkzeuge geprägt. Letztere sind bei Käfern wie diesem Eichen-Zangenbock (*Rhagium sycophanta*) mit starken Kieferzangen und darunter liegenden Tastern versehen.

sehen ziemlich fremdartig aus und funktionieren auch völlig anders als unsere. Bei uns fällt Licht durch eine Linse auf die Netzhaut im Hintergrund des Augapfels und erzeugt dort ein verkleinertes und auf dem Kopf stehendes Bild. Dicht an dicht in der Netzhaut stehende Sinneszellen übersetzen Informationen über Helligkeit (Stäbchenzellen) und Wellenlänge = Farbe (Zapfenzellen) in elektrische Signale, die über den Sehnerv ans Gehirn weitergegeben werden. Dort entsteht dann der Sinneseindruck. Die Facettenaugen oder Komplexaugen der Insekten dagegen sind modular aufgebaut. Sie bestehen aus einer Vielzahl von mehr oder weniger identisch gebauten Einzelaugen – im Extremfall bis zu 30 000 bei großen Libellenarten. Unter einer stark vergrößernden Lupe lassen sich die Einzelaugen gut erkennen. Sie bilden ein regelmäßiges Sechseck-Muster auf der Oberfläche des Facettenauges. Jede einzelne Facette hat eine eigene Linse, die, wie die ganze Oberfläche des Insekts, aus dem Chitin-Protein-Verbundstoff der Cuticula gebildet wird. Das einfallende Licht wird durch die Linse gebrochen und über einen darunter liegenden Kristallkegel auf acht lichtempfindliche Sinneszellen gebündelt. Weil durch das gewölbte Gesamtauge jedes Einzelauge in eine verschiedene Richtung schaut und deshalb jedes einen wenigsten um eine Nuance abweichenden Sinneseindruck hat, werden von Auge zu Auge unterschiedliche Informationen ans Gehirn weitergemeldet. Dort werden sie zu einem Gesamtbild zusammengesetzt. Die immer mal wieder in Film und Comic dargestellte Insektensichtweise aus vielen kleinen sechseckigen Bildchen ist Blödsinn. Nach allem, was wir wissen, unterscheidet sich das Bild, das Insekten wahrnehmen, nicht grundsätzlich von dem, was wir sehen. Es ist allerdings wesentlich weniger fein aufgelöst – wie mit einer uralten Digitalkamera mit nur ein paar tausend Pixeln fotografiert. Die Digitalkameras wurden immer besser, je dichter man die Sensoren auf den Chip packen konnte. Das ist im Prinzip bei Insektenaugen auch möglich: Man muss nur die Zahl der Module vergrößern: Je mehr Einzelaugen, desto mehr Pixel, desto schärfer das Bild. Physikalisch sind dem jedoch Grenzen gesetzt: Verkleinert man die Öffnungen der Einzelaugen über ein bestimmtes Maß hinaus, werden sie zu lichtschwach und funktionieren nicht mehr gut. Der einzige Ausweg ist deshalb eine Vergrößerung des gesamten Facettenauges. Dadurch lassen sich mehr Einzelaugen unterbringen, ohne deren Öffnung verkleinern zu müssen. Deshalb haben besonders gut sehende Insekten wie Libellen oder Schwebfliegen so riesige Augen. Aber irgendwann ist natürlich auch das ausgereizt. Die Sehschärfe eines Menschen würde ein Insekt erst erreichen, wenn seine Augen mehrere Meter Durchmesser hätten.

Die optischen Eigenschaften eines Facettenauges können durch Verbesserungen der Hard- und Software noch optimiert werden. So gibt es zum Beispiel verschiedene höchst raffinierte Varianten der Lichtleitung auf umgebende Einzelaugen und der Verschaltung der ableitenden Nerven. Die besonderen Qualitäten der Insektenaugen liegen trotzdem weniger in einer überragenden Schärfe und Detailgenauigkeit als in der Schnelligkeit der Informationsverarbeitung – da sind sie den unseren weit überlegen. In der zeitlichen Auflösung schlagen sie uns um Längen. Während unser Auge so träge ist, dass wir im dunklen Kino 24 nacheinander projizierte Bilder pro Sekunde als durchgehenden Film wahrnehmen, sieht eine gleichzeitig zuschauende Schmeißfliege einen Dia-Vortrag aus lauter einzelnen Bildern. Im Hellen kann sie bis zu 250 Bilder pro Sekunde auflösen. Schnelle Bewegungen werden auch deshalb besonders gut erkannt, weil die Einzelaugen nur einen sehr begrenzten Ausschnitt sehen. Saust etwas vorbei, meldet das in Sekundenbruchteilen ein Auge nach dem anderen. Das erklärt, warum sich Fliegen so schwer überrumpeln lassen, wenn man sie mit der Hand fangen will.

Und wie steht es mit der Farbwahrnehmung? Schon vor über hundert Jahren (1912/13) wies der spätere Nobelpreisträger Karl von Frisch (1886–1982) über Dressurversuche an der Honigbiene als Erster nach, dass Insekten Farben sehen. Gegenüber unserem Spektrum ist das der Biene leicht in den kurzwelligen Bereich verschoben: Bienen sehen kein Rot, dafür aber UV. Letzteres spielt eine große Rolle beim Blütenbesuch. Viele für uns einfarbige oder unauffällige Blüten sind für die Bienen durch UV-Markierungen einladend kontrastreich gefärbt. Als „Saftmale" weisen sie oft schon von weitem den Weg zum Nektar. Ist UV-Sehen für uns zwar nicht möglich, aber doch einigermaßen vorstellbar, sprengt eine weitere Leistung des Insektenauges unser Vorstellungsvermögen. Insekten können polarisiertes Licht erkennen und nutzen diese Fähigkeit zum Beispiel für die Orientierung (S. 158). Sonnenlicht ist eigentlich unpolarisiert, das heißt, die Lichtwellen schwingen in beliebige Richtungen senkrecht zur Ausbreitungsrichtung. Es enthält aber auch immer polarisierte Anteile, die durch Reflektionen an Oberflächen entstehen. Dieses polarisierte Licht hat nur eine Schwingungsrichtung, und die steht senkrecht zur Richtung, in der die Sonne steht. Dadurch entsteht ein planmäßiges Polarisationsmuster des Himmels. Ein klein wenig Himmelsblau genügt den Insekten schon, um auf den Stand der Sonne zu schließen. Kombiniert mit einer inneren Uhr ist das eine solide Grundlage für eine zuverlässige Orientierung.

Der Vollständigkeit halber: Außer den Facettenaugen haben Insekten noch kleine auf der Stirn sitzende Einzelaugen, meist drei. Diese Ocellen erzeugen keine Bilder, reagieren aber empfindlich auf Helligkeitsschwankungen.

So fremdartig wie die Augen wirken auch die Mundwerkzeuge der Insekten. In dem Begriff steckt schon alles drin: Hier geht es nicht um das einfache Aufnehmen von Nahrung durch den Mund. Jedes Insekt hat einen ganzen Besteckkasten an Bord, der ihm spezielle Nahrungsquellen erschließt. Das Besteck heißt hier nicht Messer, Gabel und Löffel, sondern Labrum (Oberlippe), Mandibeln (Oberkiefer), Maxillen

— **Riesenaugen**

Je mehr Einzelaugen, desto schärfer das Bild. Bei vielen Insekten nehmen die Facettenaugen, so wie bei dieser Bremsenart (*Tabanus nemoralis*), einen großen Teil des Kopfes ein.

Beißen und kauen

Den furchterregenden Mandibeln des Feld-Sandlaufkäfers (*Cicindela campestris*) möchte man als Insekt nicht unbedingt begegnen.

(Unterkiefer) und Labium (Unterlippe). Während unser Essbesteck nahezu weltweit mehr oder weniger gleich aussieht, zeigt sich bei den Insekten der ganze faszinierende Erfindungsreichtum der Evolution. Aus den immer gleichen Grundelementen entstehen bei verschiedenen Insektengruppen komplett unterschiedliche Bestecksätze. Die einen, wie viele Käfer oder Heuschrecken, schneiden mit den kräftigen Kauzangen ihrer Mandibeln mühelos harte Pflanzenteile ab und zerkleinern sie, oder sie knacken selbst stabilste Insektenpanzer. Andere, wie Wanzen, Zikaden, Flöhe, Läuse oder Stechmücken, pieken spitze Stechrüssel in Pflanzen oder Tiere und saugen Pflanzensäfte oder Blut. Bienen haben Zungen, mit denen sie Nektar aufnehmen. Schmetterlinge ziehen Nektar durch dünne Röhrchen, die aus zwei miteinander längs verfalzten Einzelteilen bestehen und in Ruhestellung aufgerollt werden können (falls es dessen noch bedurfte: ein neuer Beweis für die unglaublichen Materialeigenschaften des Chitins). Fliegen tupfen Oberflächen mit weichen Saugrüsseln ab. Der Fantasie sind keine Grenzen gesetzt! Fragt man sich, warum Insekten so erfolgreich sind: Hier liegt einer der Schlüssel dazu! Kaum ein biologisches Material, für das nicht irgendein Insekt das richtige Besteck parat hat, um es anzuknabbern oder auszusaugen (S. 185)!

Fehlt noch ein Blick ins Innere der massiven Kopfkapsel, in der gut geschützt das Gehirn liegt. Es befindet sich oberhalb der Speiseröhre und wird deshalb auch als Oberschlundganglion bezeichnet. Während unser Gehirn über das Rückenmark mit dem Körper verbunden ist, laufen die Hauptnervenstränge der Insekten an der Unterseite des Körpers. Das Bauchmark ist symmetrisch angelegt und durch Nervenknoten (Ganglien) gegliedert, die auch untereinander verbunden sind, daher der plakative Begriff „Strickleiternervensystem“. Die drei Ganglienpaare im Brustbereich sind besonders groß. Hier läuft ein großer Teil der Steuerung von Beinen und Flügeln. Im Hinterleib liegen acht weitere Paare von Nervenknoten. Wie immer gibt's Variationen und Ausnahmen.

Das Gehirn der Insekten ist ein äußerst leistungsfähiges Rechenzentrum, Grundlage mancher schier unglaublichen Fähigkeiten, zum Beispiel bei der Orientierung und Navigation (S. 155). Davon beeindruckt ist man geneigt, den Insekten (oder wenigstens manchen Arten) Intelligenz zuzugestehen. Dagegen kommt aber auch Widerspruch. Immer wieder setzte sich zum Beispiel der geniale Insektenbeobachter Jean-Henri Fabre (1832–1915) mit dieser Frage auseinander. Es gibt wohl niemanden, der mehr Zeit mit dem Studium von Insekten in ihren Lebensräumen ver-

— **Stechen und saugen**

Viele Insekten haben nadeldünne Stechwerkzeuge, mit denen sie Pflanzen oder Tiere anzapfen. Sie werden oft wie bei dieser Wanze von einem schützenden Futteral umhüllt.

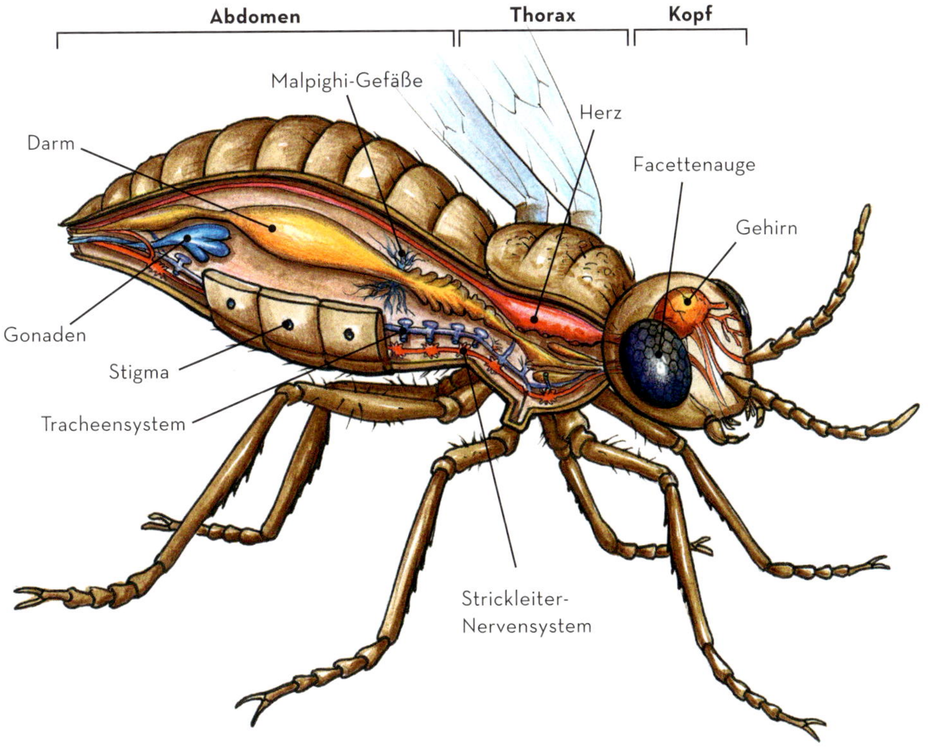

— Harte Schale, weicher Kern

Im Inneren des Insektenpanzers liegen gut geschützt alle lebenswichtigen Organe. Nicht abgebildet ist das Fettkörperorgan, das alle Hohlräume füllt.

bracht hat. Dabei kam er, oft als erster, vielen der hochkomplexen Lebensgeschichten insbesondere der Bienen und Wespen auf die Spur, und versuchte, die Intelligenzfrage mit Versuchen zu lösen. „Man muss Experimente machen, um der Wissenschaft eine solide Basis zu geben. Dann werden angesichts exakter Dokumente eines Tages jene phantastischen Legenden verschwinden, von denen unsere Bücher voll sind: vom Scarabaeus, der seine Gefährten zu Hilfe holt, damit sie ihm die Pille aus der Wagenspur ziehen, von der Grabwespe, die ihre Fliege zerstückelt, um sie trotz Wind transportieren zu können, und vieles mehr, das von denen missbraucht wird, die in der Tierwelt etwas sehen wollen, was gar nicht da ist", schreibt er im ersten Band seines Lebenswerks „Souvenirs entomologiques" im Jahr 1879. Der Mann, der die Insekten liebte wie kein anderer, kam nach zahlreichen solchen Experimenten zum Schluss, sie könnten ihr Handeln geänderten Bedingungen nicht anpassen. Insekten seien komplett instinktgesteuert, quasi kleine Roboter mit streng definierten Abläufen ohne jede Flexibilität. Von intelligentem Verhalten weit und breit keine Spur.

Ob Fabre sich von den Experimenten vom Gegenteil hätte überzeugen lassen, wie sie zum Beispiel im Labor von Lars Chittka von der Queen Mary University in London seit einigen Jahren durchgeführt werden? Soziale Insekten wie Bienen (zu denen auch die Hummeln gehören) oder Wespen eignen sich besonders für solche Versuche. In einem Versuch wurde Hummeln eine Zuckerlösung in blauen „Blumen" aus Plastik angeboten. Die Hummeln lernten schnell, dass das Loch in der Mitte der runden Kunststofftäfelchen Nahrung enthielt. Das ist so weit nichts Besonderes. Bunte Blumen anzusteuern, die Nektar enthalten, gehört zu ihrem normalen Verhaltensrepertoire, wenn sie nahrungssuchend über eine Wiese brummen. Im nächsten Schritt bedeckten die Forschenden die Plastikblumen mit einer transparenten Plexiglasplatte. An die Belohnung kam man nur über einen kleinen Faden, der an der „Blume“ befestigt ist. Damit konnte man sie unter der Abdeckplatte hervorziehen – eine typische Versuchsanordnung, um zum Beispiel die Intelligenz von Primaten oder Vögeln zu testen. Nur wenige Hummeln lösten diese schwierige Aufgabe spontan, aber mit ein bisschen Training mit kleinen Zwischenschritten klappte es auch bei den anderen, und wenig später waren die Hummeln routiniert damit beschäftigt, sich das Zuckerwasser zu ziehen. Jetzt durfte eine unerfahrene Artgenossin zuschauen, und tatsächlich: Sie guckte sich den Trick ab! Sie hatte den Zweck der Aktion also durchschaut und sich zu eigen gemacht. Anschließend breitete sich das Knowhow weiter im Hummelvolk aus. In einem weiteren Versuch arbeiteten die Forscher nicht mit Belohnung, sondern mit Angst. Sie setzten Spinnenmodelle auf Blüten, die landende Hummeln schnappten und sie kurz festhielten. Das machte die Hummeln beim Anflug auf weitere Blüten nervös und ängstlich – eine Art posttraumatische Belastungsstörung und ein Hinweis auf emotionales Erleben.

In einem Interview antwortet Lars Chittka (2022; aus dem Englischen übersetzt) auf die Frage, ob Insekten tatsächlich nur durch Reflexe gesteuert seien: „Neue Erkenntnisse zur Intelligenz der Insekten widerlegen diese alte Lehrmeinung. So können wir etwa nachweisen, dass Bienen zählen und menschliche Gesichter erkennen können. Hummeln sind sogar in der Lage, primitive Werkzeuge zu nutzen. Jetzt erforschen wir die Frage, ob Bienen eine Art Bewusstsein besitzen, oder – in anderen Worten – ob sie denken und fühlen können“, und auf die Frage, was er unter ‚denken‘ verstehe: „Das Denken ist eine Art innere Welt im Gehirn. Wir können beobachten, dass Bienen flexibel auf autobiographische Erinnerungen zurückgreifen und für die nahe Zukunft planen können. Sie lösen Aufgaben in einer Weise, die nicht einfach durch Trial-and-Error zu erklären ist. Stattdessen nähern sie sich ihrem gewünschten Ziel gedanklich, intelligent. Niemand hätte das vor zehn Jahren für möglich gehalten!“

Aktuelle Forschungen zeigen: Insekten sind keine Automaten. Bienen erkennen Gesichter, Hummeln benutzen Werkzeuge.

MOBILITÄTSZENTRALE: DIE BRUST

Der mittlere Körperabschnitt, der Thorax, steht ganz im Dienst der Fortbewegung. Im Gegensatz zum Kopf, der eine weitgehend geschlossene Kapsel bildet, und zum Hinterleib, der aus mehr oder weniger gleichartigen Segmenten besteht, erscheint der Bau des Thorax im Detail recht undurchsichtig. Zahlreiche Panzerplatten stoßen aneinander, jede mit einer eigenen Benennung – etwas für die Insektenspezialisten. Hier genügt: Rechts und links der Rückenplatte sitzen die (meist vier) Flügel, an der Unterseite des Thorax die (immer) sechs Beine. Aus letzterem und zahlreichen anderen Details lässt sich schließen, dass das Bruststück der Insekten ein Verschmelzungsprodukt aus drei ehemals eigenständigen Segmenten ist. An jedem Segment sitzt ein Beinpaar, während die Flügel zum zweiten und zum dritten Segment gehören.

Insektenbeine bestehen aus fünf gelenkig miteinander verbundenen Elementen: Coxa (Hüfte), Trochanter (Schenkelring), Femur (Schenkel), Tibia (Schiene) und Tarsus (Fuß), wobei der Tarsus wiederum fünfgliedrig ist, sodass ein Insektenbein bis zu neun aufeinander folgende und gegeneinander bewegliche Teile aufweisen kann. „Kann“ deshalb, weil die Zahl der Tarsenglieder bei vielen Insekten verringert ist, ähnlich wie bei den Landwirbeltieren auch die Zahl der Finger schwankt – wir haben fünf, Kühe zwei, Pferde nur einen. So, wie auch bei den Wirbeltieren aus dem immer gleichen Grundplan (Oberarm – Unterarm – Hand bzw. Oberschenkel – Unterschenkel – Fuß) die unterschiedlichsten Konstruktionen für schnelles Laufen (Antilopen oder Pferde), fürs Graben (Maulwurf), fürs Schwimmen (Robben oder Wale) oder fürs Fliegen (Vögel und Fledermäuse) entstanden sind, hat die Evolution auch die Insektenbeine unterschiedlich angepasst.

Der Sprinter:

Sandlaufkäfer (S. 72) bewegen sich auf ihren langen Beinen rasend schnell. Die australische Art *Rivacindela hudsoni* erreicht bis zu 9 km/h. Das klingt nicht besonders beeindruckend: So schnell ist auch ein Jogger unterwegs. Der Vergleich ist allerdings unfair. Wenn man weiß, dass der etwa zwei Zentimeter lange Käfer bei einer Geschwindigkeit von 2,5 m/s innerhalb einer Sekunde das 120-fache seiner Körperlänge zurücklegt, klingt das schon ganz anders. Umgerechnet bedeutet das: Ein menschlicher Sprinter müsste den Hundertmeterlauf in 0,44 Sekunden absolvieren. Der aktuelle Weltrekord liegt bei 9,58 Sekunden, aufgestellt durch Usain Bolt im Jahr 2009. Sandlaufkäfer sind gefürchtete Jäger, die mit ihren langen gebogenen Mandibeln hauptsächlich andere Insekten erbeuten (S. 66). Bei der Jagd sind sie so schnell, dass sie sogar das in dieser Hinsicht extrem leistungsfähige Facettenauge (S. 64) überfordern. Rennen sie mit hoher Geschwindigkeit, fangen die Einzelaugen zu wenig Licht auf. Der Käfer kann sich dann kein genaues Bild mehr von Art und Ort der potenziellen Beute machen, es ist, als würde er erblinden. Deshalb stoppt er immer mal wieder kurz und spurtet dann weiter. Nach drei- oder viermal Stop-and-go erreicht er die Beute und kann sie überwältigen. Seinem Jagderfolg tut das keinen Abbruch, die hohe Geschwindigkeit gleicht die Minipausen mehr als aus.

Der Gräber:
Heuschrecken leben gewöhnlich überirdisch und sind in der Vegetation vom Boden bis in die Baumkronen unterwegs. Die Maulwurfsgrillen (S.73) sind eine Ausnahme. Sie haben ihren Lebensmittelpunkt unter der Erde. Ihr wissenschaftlicher Name *Gryllotalpa* kombiniert die Grille (*Gryllus*) mit dem Maulwurf (*Talpa*). Ersteres wegen ihrer engen Verwandtschaft, letzteres vor allem wegen der unterirdischen Lebensweise und den riesigen Grabschaufeln an den Vorder-

— **Maschinenraum**

Eine Barbarossa-Raubfliege (*Eutolmus rufibarbis*) lauert auf Beute. Am Mittelteil des Körpers (Brust, Thorax) sitzen Beine und Flügel. Die leistungsfähige Muskulatur liegt im Inneren des sehr kräftig ausgebildeten Thorax.

— **Sprinter**

Lange schlanke Beine sind Voraussetzung fürs Sprinten. Der Dünen-Sandlaufkäfer (*Cicindela hybrida*) – eigentlich sollte er „Rennkäfer" heißen – gehört zusammen mit der Wüstenameise (S. 158) zu den schnellsten Läufern unter den Insekten (S. 70).

beinen, die denen des Maulwurfs gleichen. Die Schaufelfläche wird dabei von einem Fortsatz des Trochanters, dem Femur und der Tibia gebildet. Die verblüffend an die des Maulwurfs erinnernden Krallen sind Fortsätze der Tibia. August Johann Rösel von Rosenhof (1705–1759), einer der ersten Naturforscher, der sich intensiv mit Insekten beschäftigt hat, schreibt im Jahr 1749 über „den geflügelten Maul-Wurf" beeindruckt: „Mit diesen zwey vorderen Pfoten kan unsere Grille, meiner Beobachtung nach, so grosse Gewalt ausüben, daß sie im Stand ist zwey Körper deren jeder drey Pfund wieget, auf einer ebenen Fläche, wegzuschieben, und diesemnach wird sich niemand wundern, daß sie die Erde gleich einem Maul-Wurf durchgräbt, wann sie auch gleich noch so vest zusamm gebacken ist."

Die Springer:
Viele der oberirdischen Verwandten der Maulwurfsgrillen haben ganz andere Qualitäten: Die meisten Heuschrecken (S. 75) sind äußerst sprunggewaltig und können sich blitzartig aus Gefahrenzonen katapultieren. Die Kraft kommt aus den Hinterbeinen, die besonders lange Femora und Tibien haben; oft sind auch die Schenkel ausgesprochen dick, um die kräftige Muskulatur unterzubringen. Viele Heuschrecken beziehen ihre Sprungkraft aber nur indirekt aus der Muskulatur. Vor dem Absprung blockieren sie ihr Sprunggelenk, indem sie Femur und Tibia intern verriegeln. Dann wird der Streckermuskel im Femur angespannt. Normalerweise würde sich die Tibia jetzt abspreizen und das Bein geradeziehen. Aber genau das wird durch die Gelenkblockade verhindert. Im Kniegelenk

baut sich dadurch eine enorme Spannung auf; bei der Speicherung von Energie spielen halbmondförmige Vorsprünge im Femur eine große Rolle. Sie bestehen aus einem Verbundmaterial aus harter Cuticula und gummiartig-elastischem Resilin (S. 38) und werden durch die Muskelkontraktion unter Spannung gesetzt. Drückt die Schrecke den Auslöser und hebt die Gelenkblockade durch die Entspannung einer Sehne auf, wird die gespeicherte Energie fast explosionsartig in eine Streckbewegung umgesetzt. So katapultartig abgeschossen können Heuschrecken sich bis zu 100-mal so weit schnellen, wie sie groß sind.

Auf einem ähnlichen Prinzip beruht die Sprungtechnik der Schaumzikaden (S. 74). Die heimische Wiesenschaumzikade (*Philaenus spumarius*), ganze 6 Millimeter groß und 12 Milligramm schwer, ist ein heißer Kandidat für die schnellste Beschleunigung, die je im Tierreich gemessen wurde. Sie erreicht eine Sprunghöhe von 70 Zentimetern, mehr als das Hundertfache ihrer Größe. Dabei wurden Startgeschwindigkeiten bis zu 4,7 m/s und Beschleunigungen von bis zu 550 g, also 5390 m/s^2 gemessen. Auch hier wird Muskelspannung erzeugt und gleichzeitig Bewegung blockiert, indem ein Grat am Femur hinter einen Vorsprung der Coxa „einrastet". Wird ausgelöst, schnellt die Zikade ab. Wieder dient ein Verbundstoff aus harter Cuticula und flexiblem Resilin als Energiespeicher. Autofahrer wissen: Wer zu viel Gas gibt, bringt die Kraft nicht unbedingt auf die Straße. Die Reifen drehen quietschend durch, ein Teil der Energie verpufft.

— Der Maulwurf unter den Insekten

Walzenform und Grabschaufeln sind Anpassungen an eine unterirdische Lebensweise. Die Flügel der Maulwurfsgrille (*Gyllotalpa gryllotalpa*) sind gefaltet und liegen dem Körper eng an, sodass sie beim Graben keinen Schaden nehmen (S. 71).

Wiesenschaumzikaden haben deshalb Spikes. Lässt man die Zikade auf hartem Untergrund springen, rutscht sie aus. Stößt sie sich – was sie normalerweise tut – von einem Blatt ab, geben ihr spitze Dornen an Tibien und Tarsen den optimalen Grip. Hochgeschwindigkeitsaufnahmen zeigen, dass diese sich dabei richtig in die Oberfläche der Blätter eingraben können.

Nicht übergangen werden soll hier der berühmteste aller Springer, der Floh (S. 76), obwohl er durch die Wiesenschaumzikade in puncto Sprungkraft und Beschleunigung entthront wurde. Vermutlich wundert es niemanden mehr, dass auch Flöhe dasselbe Prinzip nutzen wie Heuschrecken und Zikaden, und Energie in Resilin speichern, in ihrem Fall oberhalb der Beine im Thorax. Wird der Sprung ausgelöst – wie genau, ist immer noch nicht geklärt – strecken sich die Beine. Wie das im Detail funktioniert, ist schwierig zu beobachten; es geht einfach viel zu schnell. So entstanden zwei konkurrierende Hypothesen: Stoßen sich Flöhe mit dem Trochanter ab (also einem Teil des Beins, das ziemlich nahe am Thorax liegt)? Oder mit den Tibien und Tarsen, den Endgliedern des Beins? Erst jüngst konnte diese Frage mit Hilfe von Hochgeschwindigkeitsaufnahmen geklärt werden: Die zweite Hypothese ist richtig. Und wie bei der Wiesenschaumzikade unterstützen kleine Spikes an Tibien und Tarsen den sicheren Sprung.

1 — Schneller Abgang

Ihre Sprungkraft verdanken die Nachtigall-Grashüpfer (*Chorthippus biguttulus*) und andere Heuschrecken nicht allein der Muskulatur ihrer langen Hinterbeine. Durch einen raffinierten Trick können sie die Beine vorspannen und gespeicherte Energie anschließend schlagartig freisetzen (S. 72).

2 — Maximale Beschleunigung

Man sieht's ihr nicht an, aber die bescheiden auftretende heimische Wiesenschaumzikade (*Philaenus spumarius*) ist notfalls tatsächlich schneller weg, als man gucken kann. Sie können das leicht ausprobieren, wenn sie das kleine Insekt vorsichtig anstupsen (S. 73).

Der Klammerer:

Nicht loslassen! Das ist die wichtigste Aufgabe der Beine der Läuse. (Es geht hier um Tierläuse, die mit den Blattläusen außer dem Namen nichts gemein haben!) Die Kopflaus (*Pediculus humanus capitis*) (S. 77) kennt – und hatte vermutlich schon – jeder, und jeder weiß, wie schwierig es ist, sie ohne Einsatz chemischer Mittel wieder loszuwerden. Die Laus tut alles dafür, um ihren Wirt nicht zu verlieren. Das nämlich bedeutet ihren sicheren Tod. Also: Immer gut festhalten! Dazu haben Läuse Klammerbeine. An deren Spitze sitzt ein Tarsus, der nur aus einem Glied besteht, aber eine riesige Kralle trägt. Diese kann eingeklappt werden und trifft dann auf einen „Daumen“, einen gegenüberliegenden Vorsprung. Dazwischen passt genau ein Haar – eine perfekte Greifzange. Die Dimensionen dieser Zange sind genau auf die Haare des jeweiligen Wirts angepasst. Wie Faultiere sich an den Klauen hängend durch das Geäst tropischer Baumkronen bewegen (oder eben nicht bewegen), sind die Läuse, immer auf sicheren Halt bedacht, zwischen den Haaren unterwegs. Möglichst wenig auffallen und auf keinen Fall loslassen!

Der Wasserläufer:

Ein vertrautes Bild von heimischen Gewässern: Gut zentimeterlange, schmal gebaute, langbeinige Insekten huschen mit ruckartigen Bewegungen über das Wasser (S. 79). Getragen werden sie von dessen Oberflächenspannung. Wo die langen Tarsen der zu den Wanzen gehörenden Wasserläufer aufsitzen, entsteht eine kleine Delle. Tausende feine wasserabstoßende Härchen an der Unterseite verhindern, dass die Wasseroberfläche durchstoßen wird, was zum Untergang führen würde. Aus demselben Grund sitzen die spitzigen Klauen nicht wie üblich am Ende der Tarsen, sondern in einer kleinen Ausbuchtung davor. Die Beine dienen nicht nur der Fortbewegung, sondern auch der Kommunikation. Fällt irgendwo ein Insekt ins Wasser und strampelt, um wieder festen Boden unter den Füßen zu bekommen, schlägt es Wellen. Das registrieren die Wasserläufer mithilfe spezieller Vibrationssensoren in den Beinen und machen sich sofort auf in Richtung potenzieller Beute. Die Richtung wird über die minimale Zeitdifferenz bestimmt, die entsteht, wenn eine Welle unter dem Insekt durchläuft und die Beine nacheinander hochhebt. Zeitdifferenzen von 1–4 Millisekunden genügen dabei. Wellenläufer erzeugen aber auch selbst Wellen als Signale für Artgenossen. Wenn Männchen Rivalen aus ihrem Revier vertreiben wollen, senden sie mit hoher Frequenz, wollen sie Weibchen anlocken, schicken sie weniger Wellen auf die Reise.

Der Schwimmer:
Viele Insekten leben als Larven im Wasser. Für Imagines ist das dagegen eher ungewöhnlich, abgesehen von den Käfern. Ein typischer Wasserkäfer ist der heimische Gelbrandkäfer (*Dytiscus marginalis, S. 79*), ein mit bis zu 3,5 Zentimetern Länge schon ziemlich kapitales Insekt. Seine Hinterbeine gleichen Rudern. Sie sind lang, abgeplattet und tragen beidseits dichte Haare, die sich bei jedem Ruderschlag abspreizen. Das macht die Käfer zu exzellenten Schwimmern. Männchen haben eine weitere Beinspezialität: Die drei ersten Glieder der Vordertarsen sind stark verbreitert und tragen Saugnäpfe – je einen großen, einen kleineren und um die 150 ganz kleine. Damit heften sie sich während der Paarung oft zwei bis drei Tage an den Thorax des Weibchens an. Die Begattung selbst dauert nur 15 Minuten. Warum sie ihr Weibchen trotzdem so lange festhalten, wird im Kapitel „Sex“ verraten.

Beine können neben der Fortbewegung also auch zusätzliche oder sogar alternative Aufgaben übernehmen. Zur Fortbewegung braucht man nicht unbe-

— **Sprungstark**

Der Mensch hat eigentlich einen „eigenen“ Floh, *Pulex irritans*. Weit häufiger kommt man hierzulande aber in Kontakt mit den von Haustieren von draußen mitgebrachten Hunde- und Katzenflöhen. Auch der im Foto gezeigte Vogelfloh (*Ceratophyllus gallinae*) nippt ganz gern Menschenblut, wenn kein Vogel in Sprungweite ist. Hungern ist aber auch kein größeres Problem. Flöhe schaffen das monatelang.

— Hartnäckige Parasiten

Kopfläuse (*Pediculus humanus capitis*) kriegt man leicht, wird sie aber schwer wieder los. Sie klammern sich mit ihren Spezialbeinen so fest an, dass normales Kämmen nicht genügt. Noch hartnäckiger halten sich die an einzelnen Haaren festgeklebten Eier, die „Nissen“ (S. 75).

dingt sechs davon. Vier genügen eigentlich, und dann können zwei andere Funktionen übernehmen. Meist sind das die Vorderbeine, und oft steht die neue Aufgabe in Zusammenhang mit dem Beutemachen. Ein typisches Beispiel ist die Gottesanbeterin – mehr dazu auf S. 146.

Nun zu den Flügeln. Bei den Insekten sind es, wie gesagt, in der Regel vier. Oft sind sie transparent, mit Membranen, die nur einen Tausendstel Millimeter dick sind. Stabilität erhalten sie durch Flügeladern. Diese Bezeichnung ist etwas unglücklich gewählt, weil sie zunächst an Blut transportierende Gefäße denken lässt, die es bei Insekten vom offenen Herzen abgesehen gar nicht gibt. Die Hämolymphe, wie das Insektenblut genannt wird, ist frei im Körper unterwegs (S. 90). Die Flügeladern enthalten zwar auch Hämolymphe, werden darüber hinaus aber von Tracheen und Nerven durchzogen, die den Flügel versorgen. Ein System von Längs- und Queradern, die wie Streben wirken, geben den Flügeln die nötige Steifigkeit (S. 80). Vor allem bei großen Insekten stehen die Längsadern oft nicht in der gleichen Ebene. Manche verlaufen oben, andere unten. Die Wirkung dieser Anordnung kann man leicht nachvollziehen: Sobald man ein Blatt Papier zickzackfaltet, lässt es sich viel stärker belasten. Der Flügel wird dadurch steifer und widerstandfähiger. Jede Insektengruppe hat ein spezifisches Adermuster, das sie unmissverständlich charakterisiert. Das ist sehr hilfreich bei der Bestimmung: Spezialisten genügt schon ein Blick auf den Flügel, um zu erkennen, ob sie eine Schwebfliege, eine Waffenfliege oder eine Raupenfliege vor sich haben.

Die Längsadern des Flügels haben ihren Ursprung im Flügelgelenk, über das der Flügel mit dem Thorax verbunden ist. Hier gibt es zwei grundsätzlich unterschiedliche Antriebstechniken. Die ursprüngliche ist heute nur noch bei den Libellen realisiert. Bei ihnen wird der Abschlag der Flügel durch Muskeln bewirkt, die direkt am Flügel ansetzen und ihn nach unten ziehen – im Prinzip wie das auch Vögel oder Fledermäuse machen. Der Aufschlag dagegen erfolgt indirekt. Die dafür verantwortlichen Muskeln setzen nicht am Flügel an, sondern verbinden die Oberseite und die Unterseite des Thorax. Werden sie angespannt, verkürzen sie sich und flachen den Thorax ein wenig ab, indem sie seine Rückenplatte nach unten ziehen. Diese Bewegung wird auf die Flügel übertragen und sorgt für den Aufschlag. Diese Hybridtechnik (Abschlag direkt, Aufschlag indirekt) wurde im Lauf der Evolution sehr schnell zugunsten eines komplett indirekten Antriebs aufgegeben, den alle heutigen Insekten außer den Libellen verwenden. Dabei erfolgt der Aufschlag wie schon bei den Libellen durch starke Muskeln zwischen Thoraxober- und -unterseite. Neu ist, dass auch der Abschlag indirekt über die Bewegung der Thorax-Rückenplatte funktioniert. Dazu werden längs durch den Thorax verlaufende Brustmuskeln angespannt. Dadurch bewegt sich der Thoraxrücken, unterstützt durch die Elastizität des Materials, wieder nach oben, wodurch sich die Flügel senken. Klingt erst mal umständlicher, hat sich aber in der Evolution klar durchgesetzt.

Auch beim „Verstauen“ der Flügel gab es durch eine Neukonstruktion des Flügelgelenks grundsätzliche Verbesserungen. Die ursprünglicher gebauten Palaeoptera („Altflügler“), zu denen heute außer den Libellen nur noch die Eintagsfliegen (S. 81) gehören, können ihre Flügel nicht über dem Körper zusammenlegen. Sie bleiben immer geöffnet. Bei Großlibellen stehen sie seitlich ab, Kleinlibellen und die Eintagsfliegen strecken sie beim Rasten nach oben. Die Neoptera („Neuflügler“, S. 82), zu denen alle anderen Insekten zählen, können ihre Flügel dagegen platzsparend über dem Körper zusammenlegen. Ermöglicht wird das durch die Neuentwicklung eines zusätzlichen drehbaren und über einen eigenen Muskel beweglichen Elements im Flügelgelenk. Das so umgebaute Flügelgelenk wird deshalb „sekundäres Flügelgelenk“ genannt. Das sekundäre Flügelgelenk bietet enorme Vorteile, denn mit zusammengelegten Flügeln kann man sich viel leichter in dichter Vegetation bewegen oder in schmalen Spalten verkriechen.

Damit aber nicht genug. Viele Insekten legen die Flügel nicht nur über dem Körper zusammen, sondern falten sie noch stärker, wenn sie nicht in Benutzung sind. Wenn Sie einen Maikäfer oder einen Marienkäfer über die Hand krabbeln lassen, wird er ziemlich sicher früher oder später nach oben steigen und einen günstigen Startpunkt suchen. Dort klappen die stabilen, Schutz bietenden Vorderflügel auf, anschließend entfalten sich die durchsichtigen Hinterflügel – und los geht's. Die Deckflügel stehen beim Flug still, es sind allein die viel größeren Hinterflügel, die Auf- und Vortrieb geben. Nach der Landung läuft es umgekehrt:

1 — Übers Wasser wandeln

Die Oberflächenspannung des Wassers trägt leichte Insekten problemlos. Die zu den Wanzen gehörenden Wasserläufer (*Gerris*) sind durch zahlreiche Anpassungen so optimiert, dass sie sich völlig souverän über den Wasserspiegel bewegen (S. 75).

2 — Unter Wasser

Obwohl Insekten eigentlich Landtiere sind, hat sich eine erstaunlich große Zahl auch das Süßwasser erschlossen. Das gilt vor allem für Larven, z.B. die der Libellen, Eintags-, Köcher- und Schlammfliegen. Der Gelbrandkäfer (*Dytiscus marginalis*) lebt auch als erwachsenes Tier im Wasser, kann aber auch gut fliegen und sich so neue Gewässer erschließen (S. 76).

1

2

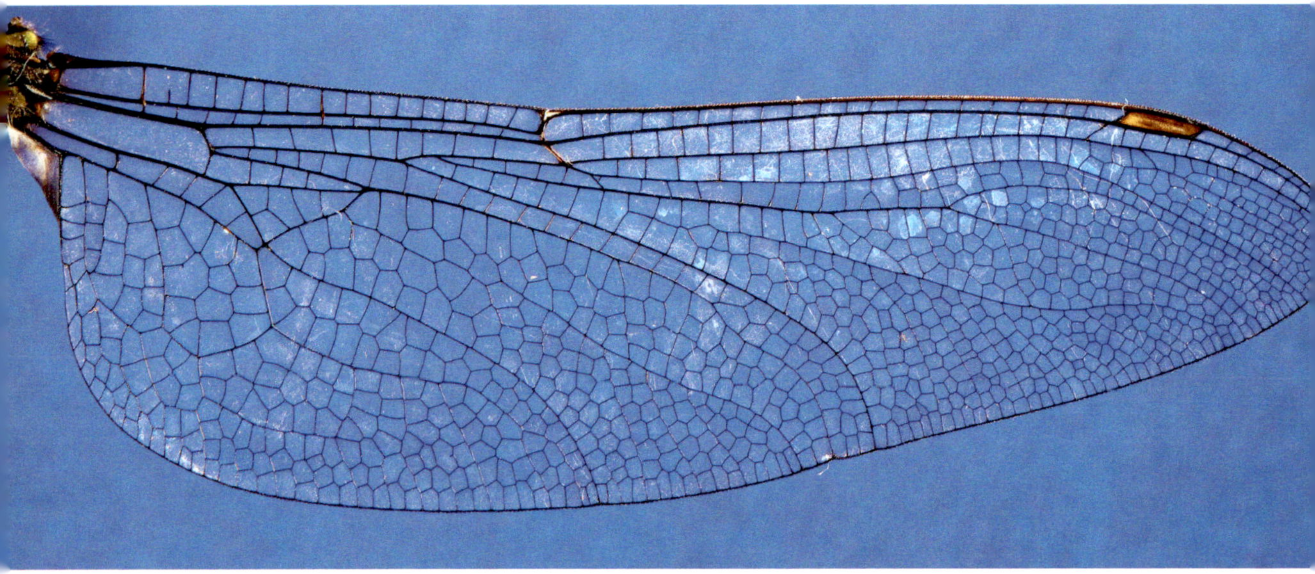

— Adern und Membranen

Der Flügel einer Libelle erhält seine Stabilität durch längs verlaufende „Adern", die untereinander vernetzt sind.

Die Hinterflügel werden sorgfältig gefaltet und dann unter den Deckflügeln verstaut.

Noch erstaunlicher ist die Falttechnik beim Ohrwurm (S. 83). Vermutlich hätten Sie ihm das Fliegen gar nicht zugetraut, aber er kann es. Seine häutigen Hinterflügel sind unter den winzigen Deckflügeln kompakt zusammengefaltet. Dieser Rucksack ist so klein, dass er die Beweglichkeit des Ohrwurms beim Klettern im Gesträuch oder Krabbeln im Boden nicht beeinträchtigt. Ohrwürmer schaffen es, die Hinterflügel auf ein Zehntel ihrer Größe zu falten, um sie unter den Deckflügeln zu verstauen – das ist unübertroffene Verpackungskunst! Dabei wird der Flügel zuerst fächerförmig gefaltet und dann noch einmal zusammengeklappt. Eine wichtige Rolle spielt dabei ein Gelenk am vorderen Rand des Flügels, das Flügelmittelgelenk. Beim Aufspannen des Flügels rastet es ein und hält den Flügel ohne weitere Anstrengung offen. Beim Entsperren klappt es zusammen und faltet den Flügel automatisch wieder, auch hier ohne den Einsatz von Muskeln. Das erinnert etwas an die Faltkunst des Origamis, bei der aus einem zweidimensionalen Stück Papier eine komplexe dreidimensionale Struktur entsteht. Bio-Origami ist dem konventionellen Falten aber weit überlegen, weil die Falten im Ohrwurm-Flügel nicht starr, sondern elastisch sind. Dabei spielt wieder eine Substanz eine Rolle, die fast überall im Spiel ist, wenn es um Elastizität geht, das Resilin (S. 38). In den Falten des Ohrwurmflügels sorgt es dafür, dass diese je nach Anordnung und Stärke als Zugfeder oder als Druckfeder (oder auch beides) wirken. Damit beeindruckt der Ohrwurm selbst Ingenieure: Komplexe Faltungen spielen auch in der Technik eine große Rolle, zum Beispiel in der Raumfahrt, wo Solarmodule zum Transport möglichst klein verpackt werden und sich im Orbit zuverlässig zu maximaler Größe entfalten müssen, ohne dass man Gefahr läuft, dass sie wieder zuammenklappen. So wundert es nicht, dass die höchst präzise, Raum und Kraft sparende Falttechnik des Ohrwurms auch über die Biologie hinaus Furore macht und in den Fokus der Bionik oder Biomimetik geriet. Diese beschäftigt sich intensiv mit der Frage, ob und wie sich aus biologischen Vorbildern technische Lösungen entwickeln lassen. Erste Versuche mit einer 3D-gedruckten Kombination von klassischer Origamitechnik, verschiedenen Materialstärken und Federmechanismen in den Verbindungsfalten sind vielversprechend: Der Prototyp dieses Kunstflügels bleibt über ein Mittelgelenk stabil geöffnet und faltet sich nach leichtem Antippen automatisch zusammen. An die Ästhetik und funktionale Eleganz des Vorbilds reicht er allerdings bei weitem nicht heran.

Der Ohrwurm ist nicht das einzige Insekt, das die Technik, die Materialwissenschaft und die Architektur inspiriert hat. Ein weiteres Beispiel sind die Deckflügel flugfähiger Käferarten. Für alle Flieger ist die Reduzierung des Gewichts von entscheidender Bedeutung. Die Gewichtsersparnis darf allerdings nicht auf Kosten der Stabilität und Sicherheit gehen. Die Deckflügel des Rosenkäfers und anderer Arten vereinen beides, maximale Stabilität bei minimalem Gewicht. Sie enthalten große Hohlräume, die das Gewicht reduzieren, aber keinen Einfluss auf die Festigkeit haben. Das hat Ingenieure und Architekten der Universität Stuttgart zu einem architektonischen Experiment inspiriert. Bei ihrem „Elytra-Pavilion" (S. 84) – benannt nach dem Fachwort „Elytren" für die Deckflügel der Käfer – ging es nicht darum, die Flügel einfach in Groß nachzubauen. Das würde nicht funktionieren. Vielmehr wurde das Bauprinzip analy-

— **Palaeoptera**

Libellen und Eintagsfliegen – hier die Dänische oder Große Eintagsfliege (*Ephemera danica*) – können ihre Flügel zwar über dem Körper zusammenklappen, aber nicht zusammenlegen (S. 78).

— **Neoptera**

Eine evolutionäre Innovation, das sekundäre Flügelgelenk, erlaubt es den meisten Insekten, die Flügel über dem Körper zusammenzulegen (S. 78), hier demonstriert von einer Steinfliege (*Isoperla*).

siert – die Verteilung von Hohlräumen, die Faserverläufe – und daraus ein Datenmodell entwickelt, das anschließend in Architektur umgesetzt wurde. Bei der Fertigung brachte ein Roboter harzimprägnierte Glas- und Carbonfasern auf ein rotierendes Gerüst aus Stahl auf, das nach dem Aushärten wieder entfernt wurde. Was blieb, war eine reine Faserstruktur, wobei die Faserführung, wie beim biologischen Vorbild, an die jeweilige statische Belastung angepasst ist. Das extreme Leichtbauwerk mit einem Flächengewicht von weniger als 9 kg/m^2 stand im Jahr 2016 vor dem Victoria and Albert Museum in London und erregte dort ebenso großes Aufsehen wie an weiteren Ausstellungsstationen für Design und experimentelle Architektur der Zukunft.

Fliegen ist weit komplexer als Autofahren. Genügen in der zweidimensionalen Welt der Straßen wenige Instrumente im Armaturenbrett, ein Lenkrad und zwei oder drei Pedale, um alle relevanten Informationen zu erhalten und das Fahrzeug sicher zu steuern, sieht das im Cockpit eines Flugzeugs ganz anders aus. Es ist übersät mit Instrumenten, Hebeln und Knöp-

— **Raffinierte Falttechnik**

Die häutigen Hinterflügel, mit denen der Ohrwurm fliegt, sind klein gefaltet unter den stabilen Vorderflügeln verstaut (S. 80).

fen. Bewegung ohne Bodenhaftung in drei Dimensionen erfordert wesentlich mehr Kontrolle. Allein die Lage im Raum: Treibt man es nicht zu toll, fährt das Auto sicher auf vier Rädern. Ein Flugzeug dagegen hängt frei in der Luft, jeder Seitenwind macht eine neue Berechnung der Geschwindigkeit und der Richtung nötig und mündet in einer entsprechenden Kurskorrektur, jede Turbulenz muss ausgeglichen werden. Dabei sind Flugzeuge gegenüber Insekten reichlich träge Systeme. Ein Airbus A350 wiegt 250 Tonnen, eine Schwebfliege dagegen nur wenige Milligramm. Jeder winzige Windhauch kann sie aus der Bahn werfen. Das passiert ihr aber nicht! Ein komplexes System aus Sensoren und Motoren lässt sie absolut sicher navigieren und ist jeder noch so meisterhaften menschlichen Ingenieursleistung meilenweit überlegen. Ich habe jedenfalls noch nie von einem Insekt gehört, das infolge eines technischen Defekts abgestürzt wäre – obwohl es sich durchaus technisch anhört, wenn man auflistet, wie zum Beispiel die Wanderheuschrecke ihren Flug kontrolliert:

- Mechanische Sensoren an jedem einzelnen der vier

Flügel werden im Rhythmus der Flügelbewegung gereizt. Spezielle auf den Flügeladern sitzende Sensillen messen zusätzlich, wie stark der Flügel durchgebogen wird. Alle Informationen gehen über Nervenbahnen sofort an den Flugmotor. Störungen, die zu Kursabweichungen führen, werden von den Flugmuskeln umgehend ausgeglichen.

- Windhaare am Kopf messen den Fahrtwind und registrieren jede zusätzliche Luftbewegung wie zum Beispiel eine Bö. Auch hier geht die Meldung über Nerven direkt an den Antrieb.
- Auch die Antennen reagieren auf Luftbewegungen. Sie spielen eine Rolle bei der Regelung der Fluggeschwindigkeit.
- Die Augen kontrollieren die Umgebung permanent und verarbeiten die Lage im Raum. Sie registrieren unvorhergesehene Versetzungen ebenso wie Drehungen um die Längsachse („Rollen") oder um die Querachse („Nicken") und sorgen für entsprechende Ausgleichsbewegungen. Dabei spielen neben den Facettenaugen auch die Ocellen eine wichtige Rolle (S. 34).

— Käferinspirierte Architektur

Das Bauprinzip der ebenso leicht wie stabil gebauten Deckflügel von Käfern stand Pate für die Konstruktion des „Elytra-Pavilions" (S. 81), der hier vor dem Victoria and Albert Museum in London steht.

Solche diffizilen Ausgleichsmanöver laufen nicht immer über die Haupttriebwerke der Flügel. Hier helfen viele kleinere, direkt an den Flügeln ansetzende Muskeln beim Korrigieren des Kurses.

Wie schnell die Flügel geschlagen werden, ist sehr unterschiedlich. Bei einem friedlich über die Wiese gaukelnden Schmetterling ist es kein größeres Problem, einzelne Flügelschläge wahrzunehmen. Eine Schwebfliege dagegen schlägt ihre Flügel pro Sekunde 120–150-mal, die winzigen, ebenfalls zu den Zweiflüglern gehörenden Gnitzen sogar bis zu 1000-mal!

Beim nervtötenden nächtlichen Sirren der Stechmücken (*Culex pipiens*) wird Insektenflug sogar hörbar: Die Flügelschlagfrequenzen weiblicher Steckmücken liegen zwischen 260 und 340 Schlägen pro Sekunde, entsprechend entstehen Schallwellen von 260–340 Hertz, das entspricht auf dem Klavier einem Intervall zwischen c‘ (genau in der Mitte der Tastatur) und etwa einer Terz darüber zwischen e‘ und f‘. Dass wir die Mücken hören, bringt uns um den Schlaf und die Insekten, wenn wir sie erwischen, ums Leben, was beides niemandem nützt. Die eigentlichen Adressaten

— **Kurz- und Langstrecke**

Die Hainschwebfliege (*Episyrphus balteatus*) beherrscht nicht nur den Flug auf der Stelle und rückwärts, sondern gehört auch zu den Weitstreckenziehern unter den Insekten. Im Frühjahr und Herbst legt sie bei saisonalen Wanderungen jeweils Hunderte von Kilometern zurück.

Zielstrebig

Der Admiral (*Vanessa atalanta*) gehört zu den auffälligsten „Zugvögeln" unter den heimischen Insekten. Dabei ist er beeindruckend schnell unterwegs.

der Töne sind die Stechmücken-Männchen, die von diesem Sound bezirzt angezogen werden. Sie selbst sind höherfrequent unterwegs (460–530 Hertz). Das ist praktisch, denn es beugt Verwechslungen vor. Mann will sich schließlich mit einem Weibchen und nicht mit einem anderen Männchen treffen und paaren.

Insekten können erstaunliche Geschwindigkeiten erreichen. Vielleicht ist Ihnen auch schon einmal aufgefallen, dass einige unserer größten Tagfalter, allen voran der prächtige Admiral (*Vanessa atalanta*) mit einer Flügelspannweite bis zu 6,5 Zentimetern, im Herbst schnurgerade und pfeilschnell Richtung Südwesten fliegen. Admirale gehören zu den Wanderinsekten, die im Herbst weite Strecken zurücklegen, um günstigere Winterquartiere zu erreichen (erst der Klimawandel verbessert die Chancen auf eine erfolgreiche Überwinterung auch hierzulande). Stur halten die ziehenden Admirale die Richtung, egal ob Häuser oder Berge im Weg stehen oder ein See überflogen werden muss. Ihnen folgen zu wollen ist zwecklos: Sie sind schneller, als Sie rennen können. Eine Reisegeschwindigkeit von 20 km/h halten sie spielend durch, selbst bei leichtem Gegenwind. Frischt der Wind von vorne auf, haben die federleichten Insekten allerdings ein Problem. Man kann sie dann dabei beobachten, wie sie möglichst nah am Boden – dort weht der Wind schwächer – versuchen, ihre Reise fortzusetzen, ohne noch viel Strecke zu machen. Erfolgversprechender ist eine andere Strategie: Die gezielte Ausnutzung von Rückenwind. Weil der in größerer Höhe stärker bläst, steigen die Falter nach oben. Von auf Insekten

— **Auf Sendung**

Der kräftige Totenkopfschwärmer (*Acherontia atropos*) ist stark genug, um Minisender zu tragen. Das eröffnet der Erforschung von Insektenwanderungen völlig neue Wege.

spezialisierten Radargeräten in Südengland in größeren Höhen von 150–1200 Meter über Grund erfasste Wanderfalter – Nachtfalter wie Schwärmer oder die beiden Eulenfalter Gammaeule (*Autographa gamma*) und Hausmutter (*Noctua pronuba*), ebenso wie Tagfalter – zeigen: Die Falter suchen gezielt Luftströmungen auf, die ihre Wanderungen beschleunigen, im Herbst Richtung Süden, im Frühjahr nach Norden. Dabei erreichen sie kräftesparend Reisegeschwindigkeiten von durchschnittlich 54 und maximal 90 km/h und können innerhalb eines achtstündigen Flugs 400–700 km zurücklegen. Nicht nur die vergleichsweise großen Schmetterlinge machen das so. Die gleiche Strategie verfolgen Schwebfliegen wie die Hainschwebfliege (*Episyrphus balteatus*), die einen knappen Zentimeter groß ist und nur wenige Milligramm wiegt. Auch sie sucht für ihre jährlichen Wanderungen zwischen Nordeuropa und Nordafrika gezielt günstige Luftströmungen in bis zu 1000 Meter Höhe aus. Hochgerechnet sind allein im südlichen England jedes Jahr 1–4 Milliarden wandernde Schwebfliegen unterwegs.

Die Wanderungen der Insekten zu verfolgen ist noch schwieriger als dem Vogelzug auf die Spur zu kommen. Vögel kann man beringen. Ähnliches wurde zwar tatsächlich auch schon mit Insekten gemacht. Das funktioniert aber nur bei besonders großen und auffälligen, die Markierungen tragen können und bei denen zumindest eine winzige Chance auf Wiederfunde besteht. Beide Voraussetzungen erfüllt zum Beispiel der Monarchfalter (*Danaus plexippus*). Aufkleber auf den Flügeln halfen, eine der spektakulärsten saisonalen Insektenwanderungen aufzuklären, den herbstlichen Zug von zig Millionen von Monarchen aus Nordamerika in eng begrenzte Überwinterungsgebiete in Mexiko – maximale Entfernung 4500 Kilometer! Eine Revolution in der Vogelzugforschung ist die Miniaturisierung digitaler Datenlogger, die über Satellit Informationen aus allen Ecken der Welt übertragen. Inzwischen sind die Sender so winzig und leicht, dass sie selbst kleinen Singvögeln wie dem 25 Gramm leichten Steinschmätzer auf die Reise mitgegeben werden – und jetzt starten auch die ersten besenderten Insekten. Ausgewählt wurde ein besonders schwerer Brummer, der gleichzeitig zu den leistungsstärksten Fliegern unter den Insekten gehört. Mit bis zu acht Gramm gilt der Totenkopfschwärmer (*Acherontia atropos*) bereits als Schwergewicht unter den Insekten. Der Wanderfalter kommt im Frühjahr über die Alpen zu uns nach Mitteleuropa. Die nächste Generation kehrt im Herbst zurück und überwintert im Mittelmeerbereich oder vielleicht sogar noch weiter südlich. Mit einem 0,2 Gramm schweren Funksender beladen starteten die Falter in Konstanz am Bodensee und wurden bei ihrem nächtlichen Flug Richtung Südsüdwest von Martin Wikelsky, Direktor der Abteilung für Tierwanderungen des Max-Planck-Instituts für Verhaltensbiologie, bis in die Alpen per Flugzeug verfolgt. Alle paar Minuten wurde die exakte Position der Wanderer ermittelt, solange, bis sie eine Rast einlegten und dadurch nicht mehr weiterverfolgt werden konnten. Einer der 14 Testflieger schaffte immerhin 80 Kilometer auf einen Rutsch und verriet dabei vieles über seine Flugstrategie: Er blieb streng auf Kurs. Hatte er Glück und Rückenwind, ging er höher und flog mit etwas geringerer Eigengeschwindigkeit. Blies der Wind von vorn oder kam von der Seite, flog der Schwärmer näher am Boden, wo die Windgeschwindigkeiten niedriger sind. Gleichzeitig gab er Gas und flog schneller, um nicht vom Kurs abzukommen.

Nach so viel Beweisen der fantastischen Leistungsfähigkeit fliegender Insekten noch ein paar Worte zum viel zitierten „Hummel-Paradoxon“: Hummeln könnten nach den Gesetzen der Aerodynamik eigentlich überhaupt nicht fliegen, die Flügel seien mit 0,7 cm² zu klein für ihr Gewicht von 1,2 Gramm. Wie so oft bei Geschichten wie dieser ist nicht ganz klar, wer sie in Umlauf gebracht hat. Jedenfalls dürfte sie kaum ernst gemeint gewesen sein, da Hummeln ja offensichtlich fliegen können. So viel ist richtig: Wäre der Flügel einer Hummel konstruiert wie der eines Flugzeugs, könnte sie tatsächlich kaum abheben. Nur: Ein Insektenflügel funktioniert eben ganz anders. Er sitzt nicht starr an einem ebenso starren Rumpf, son-

1

1 — Zu schwer zum Fliegen?

Hummeln seien nach den Gesetzen der Physik zu schwer, um fliegen zu können, wüssten das aber zum Glück nicht? Blödsinn! Natürlich hebeln die dicken Brummer die Naturwissenschaften nicht aus.

2 — Fransenflügler

Bei Thripsen wie dem weniger als zwei Millimeter großen „Gewitterwürmchen“ oder „Gewitterfliege“ *Limothrips cerealium* vergrößern dicht stehende lange Fransen die Fläche der Flügel. Das Männchen dieser Art ist flügellos.

2

dern er bewegt sich. Filmt man die Hummel mit einer Hochgeschwindigkeitskamera, zeigt sich, dass die Flügelbewegungen weit komplexer sind als einfach nur „rauf und runter". Beim Abschlag bewegt die Hummel den Flügel nicht nur nach unten, sondern auch nach vorn, anschließend dreht sie ihn mit der Unterseite nach oben und führt ihn nach hinten/oben wieder zurück. Die Flügelspitze bewegt sich bei manchen Hummelarten in einer schräg liegenden Ellipse, andere schlagen eine Acht. So wird sowohl beim Ab- als auch beim Aufschlag Auftrieb erzeugt. Verantwortlich für den Auftrieb ist in erster Linie ein an der scharfen Vorderkante des bewegten Flügels entstehender Wirbel. Die anströmende Luft muss diesen Vorderkantenwirbel umgehen. Das verlängert ihren Weg über den Flügel, was Unterduck erzeugt und den Flügel nach oben saugt. Theoretisch wäre ein solcher Vorderkantenwirbel auch für die Luftfahrt attraktiv; er ist technisch aber schwer beherrschbar. Zu leicht reißt der Luftstrom ab, ein Absturz wäre die Folge. Sollte das den Hummeln drohen, ist das kein Problem. Sie können ihre Flügelstellung sofort korrigieren. Welche Bedeutung für den Flug auch das Netzwerk der Flügeladern hat, wurde bei Versuchen deutlich, bei denen einige Aderverbindungen experimentell versteift wurden. Und zwar die, die Resilin enthalten – Sie erinnern sich, das ist dieses „Gummi-Protein", das Insekten überall dort einsetzen, wo es um Flexibilität und die Speicherung mechanischer Energie geht. Derart gehandicapt büßten die Hummeln 8,6 Prozent ihres Auftriebs ein. Insgesamt wird klar, warum man dem Hummelflug mit der vergleichsweise einfachen Aerodynamik der Flugzeuge nicht beikommt. Und dass die dicken Brummer kein einziges physikalisches Gesetz brechen, wenn sie sich in die Luft erheben.

Als Flugkünstler nicht zu übertreffen: Von den Fähigkeiten der Insekten können Flugzeugkonstrukteure nur träumen.

Für besonders kleine Insekten ist die Luft „zäher" als für uns, sie bewegen sich darin eher wie wir im Wasser. Ihre zum Teil fast vollständig in Haare aufgelösten Flügel ähneln oft mehr dem Schwimmbein des Gelbrandkäfers (S. 79) mit seinen Borsten. Die winzigen Fransenflügler oder Thripse (Thysanoptera) haben davon sogar ihre Namen. Zu ihnen gehören die an sonnigen Sommertagen oft in Massen fliegenden „Gewitterwürmchen" ebenso wie die an Pflanzen saugenden und als Schädlinge von Zimmerpflanzen berüchtigten Thripse.

ORGANZENTRALE: DER HINTERLEIB

Verglichen mit Kopf und Thorax ist der Hinterleib – das Abdomen – einfach aufgebaut. Es besteht im Wesentlichen aus mehr oder weniger gleichartigen Segmenten. Kompliziert wird es erst wieder Richtung Körperende, wo die äußeren Geschlechtsorgane liegen. Die einzelnen Segmente tragen oft sehr stabile Platten an Rücken und Bauch und sind seitlich weichhäutig miteinander verbunden sind (was aber nicht immer gut zu sehen ist). Das erlaubt eine gewissen Dehnung, wenn der Innenraum knapp wird, etwa wenn ordentlich gefressen wurde oder vor der Eiablage.

Das Abdomen enthält praktisch alle inneren Organe. Eingepackt in einen weißlichen Fettkörper, der Reserven für schlechte Zeiten enthält, finden wir hier alles, was man zum Leben so braucht: Verdauungs-, Ausscheidungs- und Fortpflanzungsorgane. Deren Versorgung mit Nährstoffen und Sauerstoff läuft über zwei Systeme, anders als bei uns, wo beides vom Blutkreislauf übernommen wird. Die Tracheen als Leitungen für den Gasstoffwechsel – Sauerstoff rein, Kohlenstoffdioxid raus – kennen Sie schon (S. 47). Im Abdomen sitzen deren Öffnungen nach außen in den seitlichen weichhäutigen Bereichen, im Grundplan je ein Paar pro Segment. Die Versorgung mit Nährstoffen ist dagegen Aufgabe des Blutes, bei Insekten „Hämolymphe" genannt. Insektenblut ist farblos. Es muss ja keinen Sauerstoff transportierten. Ihm fehlt deshalb, von den Larven der Zuckmücken abgesehen, das Hämoglobin, das bei uns für den Sauerstofftransport zuständig ist und unser Blut blutrot macht. Umgewälzt wird die Hämolymphe von einem schlauchförmigen Herz, das den gesamten Insektenkörper im Rückenbereich vom Kopf durch den Thorax bis in die Spitze des Abdomens durchzieht. Hinten ist der Schlauch geschlossen, vorne offen. Seine Kontraktionen verlaufen von hinten nach vorn. Dabei wird Hämolymphe durch

— Abdomen

Die Wespentaille dieser Erzwespe der Familie Eurytomidae zeigt sehr prägnant, dass Brust (Thorax) und Hinterleib (Abdomen) zwei unterschiedliche Körperteile sind. Im Hinterleib befinden sich viele wichtige Organe.

seitliche Öffnungen mit Rückschlagventilen angesaugt und durch eine oft trichterförmig erweiterte Öffnung im Kopf in die offene Leibeshöhle gepresst. Ein geschlossenes Blutgefäßsystem wie bei Wirbeltieren fehlt; die Hämolymphe umspült und versorgt die Organe ohne Gefäße.

Über das Verdauungssystem nur so viel: Der Darm verläuft natürlich ebenfalls durch den ganzen Körper, von der Mundöffnung im Kopf bis zur Spitze des Abdomens. Der Vorder- und Hinterdarm haben eine Cuticula und gehören damit gewissermaßen noch zur Außenwelt. Die eigentliche Verdauung findet im Mitteldarm statt. Dieser ist im Detail sehr unterschiedlich aufgebaut, je nach Insektengruppe und Nahrung. Es macht schließlich auch große Unterschiede, ob hier Holz, Nektar, Pflanzensäfte, Fleisch, Wolle oder Blut verarbeitet wird. Am Übergang vom Mittel- zum Enddarm mündet eine unterschiedliche Anzahl von hinten geschlossenen Schläuchen, die Malpighischen Gefäße, benannt nach Marcello Malpighi (1628–1694). Der italienische Arzt und Naturforscher machte durch seine vielfältigen mikroskopischen Studien Furore und beschrieb die Strukturen als erster. Obwohl die Gefäße völlig anders funktionieren als unsere Nieren, haben sie eine ähnliche Funktion: Sie entfernen Abfallstoffe aus der Hämolymphe und stellen eine Art Harn her, der dann in den Darm abgegeben und dort Richtung Ausgang befördert wird.

Männer im Überschuss

Männliche Honigbienen (*Apis mellifica*), Drohnen genannt, sind an den größeren Facettenaugen leicht erkennbar. Sie müssen viel Glück haben, um sich mit einer jungen Königin zu paaren. Die Konkurrenz ist enorm. Nach dem Hochzeitsflug ist Schluss mit dem lustigen Leben. Der Drohn hat seine Schuldigkeit getan, der Drohn kann gehen.

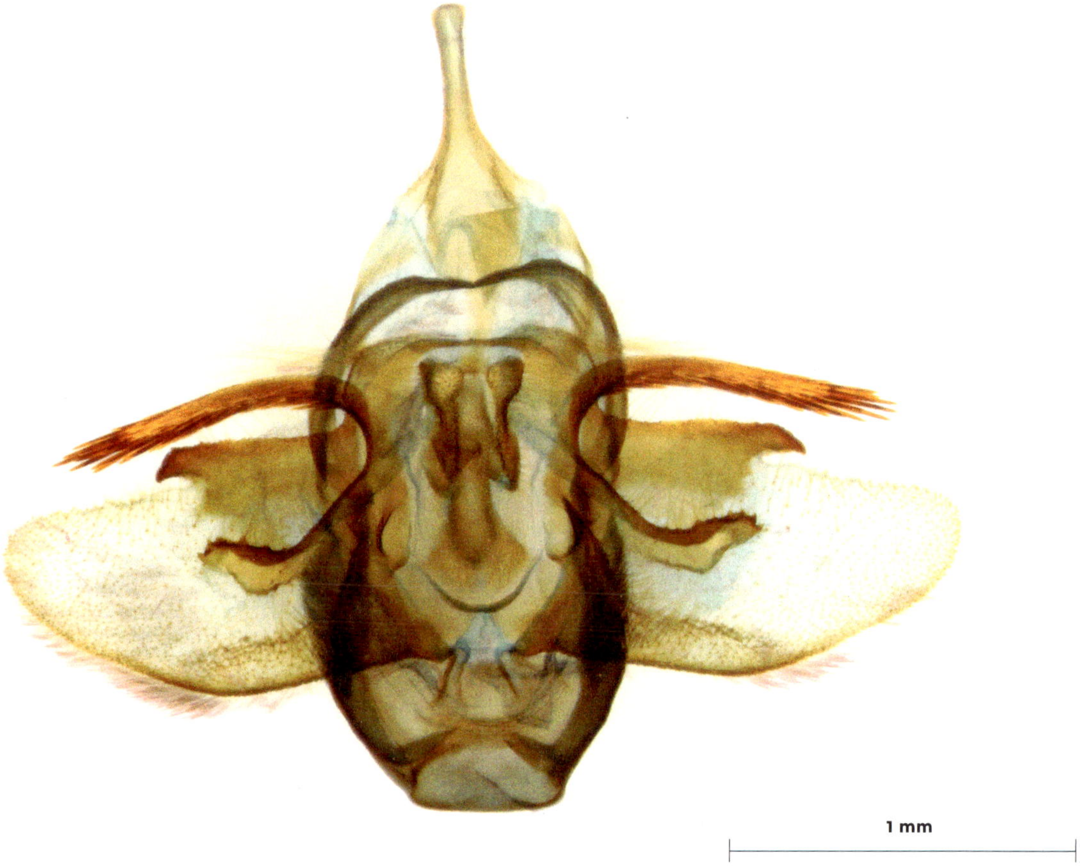

— **Kompliziert gebaut**

Die männlichen Geschlechtsorgane vieler Insekten zeigen komplexe Strukturen, hier ein mikroskopisches Präparat der äußeren Genitalien von *Lithostege coassata*, eines zu den Spannern (Geometridae) gehörenden Schmetterlings.

Ein großer Teil des Inneren des Hinterleibs wird vom Fettkörper eingenommen – eine etwas unappetitliche Bezeichnung für ein Multifunktionsorgan, das mehr Aufgaben hat als alle anderen im Insektenkörper. In mancher Hinsicht ist es mit unserer Leber vergleichbar. Das Fettkörperorgan ist das zentrale Energiedepot. Es speichert neben Fett auch Proteine und das Kohlenhydrat Glykogen. Hier liegen die Reserven für Hungerzeiten ebenso wie für die langen Auszeiten, die manche Insekten zum Beispiel im Winter nehmen. Auch die Proteinvorräte, aus denen vor der nächsten Häutung eine neue Cuticula aufgebaut wird (S. 42), werden hier gespeichert. Darüber hinaus wird im Fettkörper nicht nur aufbewahrt, was die Hämolymphe alles so anschwemmt, es wird auch produziert. Hormonell gesteuert werden die verschiedensten Proteine synthetisiert, die im Stoffwechsel eine Rolle spielen. Eins davon ist zum Beispiel der Dotter für die Eier, der dann von der Hämolymphe zu den Ovarien transportiert und dort in die Eizellen eingebaut wird. Auch der Blutzucker der Insekten, die Trehalose, wird im Fettkörper hergestellt. Und wie unsere Leber ist der Fettkörper für den gezielten Abbau von Verbindungen und die Entgiftung zuständig.

Schließlich die Fortpflanzungsorgane. Die Ovarien der Weibchen und die Hoden der Männchen sind paarig. Die Eigänge (Ovidukte) bzw. Samenleiter enden an der Spitze des Abdomens. In diese Gänge münden auch verschiedene Drüsen. Vom Eiergang der Weibchen zweigt ein Vorratsbehälter für Spermien ab,

Receptaculum seminis oder Spermathek genannt. Hier können viele Millionen Spermien über lange Zeit frisch gehalten werden. Die Hochzeitsflüge der Ameisen enden zum Beispiel mit der einzigen Paarung, die die Ameisenkönigin fürs ganze Leben mit Spermien versorgt, und das kann über 20 Jahre dauern. Beim Eierlegen kann sie sich aussuchen, ob sie unbefruchtete Eier legen will, aus denen Männchen schlüpfen, oder ob sie Spermien dazugeben will, um Arbeiterinnen und neue Königinnen zu produzieren. Ähnlich machen es auch die Honigbienen, bei denen die Drohnen genannten Männchen ihre Daseinsberechtigung nach der Paarung verlieren, was zum Ausschluss aus der sozialen Gemeinschaft des Bienenstaates und einem frühen Tod führt. Drohnen sind vollkommen abhängig von sozialer Fürsorge. Sie würden sogar auf einer üppigen Blumenwiese verhungern, weil sie es nicht schaffen, Nektar aus den Blüten zu holen. Stattdessen lassen sie sich im Bienenstock von weiblichen Bienen füttern und pflegen. Diese sehen dafür nach der Paarungszeit im Frühjahr keinen Grund mehr. Was nun geschieht, wird anschaulich als „Drohnenschlacht" bezeichnet: Den Männchen wird der Zugang zum Bienenstock verwehrt und das Essen gestrichen – sie verhungern vor den Toren des Bienenstaats. Einen glücklicheren Tod finden nur die Drohnen, denen es gelingt, sich bei einem Hochzeitsflug mit einer jungen Königin zu paaren. Das ist ihre eigentliche Bestimmung, aber diese Chance haben nur wenige Auserwählte. Es herrscht nämlich ein gewaltiger Männerüberschuss. Ein Bienenvolk produziert zwar jedes Jahr 5000 – 20 000 Drohnen, aber nur drei bis vier überlebende Königinnen. Letztere brechen zu einem längeren Flug auf, um zu verhindern, dass sie sich mit einer Geschwister-Drohne paaren – und die Bienen in einem Stock sind alle Geschwister (S. 151). Tausende von Männchen warten auf Drohnensammelplätzen darauf, dass eine junge Königin im Luftraum erscheint. Nur etwa sechs von 10 000 kommen wirklich zum Zug. Vier Richtige im Lotto „6 aus 49" zu kriegen ist wahrscheinlicher (Chance 1 zu 1147 für Lottospielerinnen gegenüber 1 zu 1666 für Drohnen). Der Tod ereilt die Glücklichen dann beim Geschlechtsakt: Ihr Penis bleibt im Weibchen stecken und bricht ab, sie selbst sinken entseelt zu Boden. Aber immerhin: In ihrer Nachkommenschaft – und das sind Tausende von Bienen – leben sie weiter, während ihre unglücklichen Konkurrenten aus dem Rennen sind. Derweil lassen sich weitere Drohnen von dem abgerissenen Geschlechtsteil im Hinterleib der Königin nicht abhalten. Sie bleiben dran, versuchen das störende Stück zu entfernen – und werden, falls sie erfolgreich sind, zum nächsten Opfer. Die Königin hat nichts dagegen. Sie füllt ihre Spermathek dadurch mit den Spermien mehrerer Drohnen und steigert so die genetische Vielfalt ihrer Nachkommenschaft. Wie bei den Ameisen entstehen auch bei Bienen aus unbefruchteten Eiern männliche Tiere. Die Drohnen, die daraus hervorgehen, sind also auf jeden Fall alle Brüder, während die aus befruchteten Eiern entstehenden Weibchen Schwestern oder Halbschwestern sein können.

Die äußeren männlichen Geschlechtsorgane von Insekten sind oft sehr kompliziert gebaut. Rund um den Aedeagus genannten Penis liegen diverse Klammer- und Halteorgane, Zangen und Stacheln – das Repertoire scheint unerschöpflich. Diese Strukturen dienen nicht nur einer erfolgreichen Kopulation, sondern sind auch für die Taxonomie und Systematik aufschlussreich, also die Wissenschaften von der Beschreibung, Benennung und Abgrenzung von Arten und deren Einordnung ins biologische System (S. 6). Zum Beispiel lassen sich in manchen Gattungen der Schwebfliegen – ihnen gilt mein eigenes Forschungsinteresse – nur die Männchen sicher einer Art zuordnen, und das hauptsächlich oder ausschließlich an Merkmalen ihrer Genitalien. Dazu müssen diese vorher sorgfältig präpariert werden. Sind sie stark sklerotisiert, werden sie kurz in Kalilauge gekocht. Das macht sie transparent und erlaubt dadurch einen Blick ins Innere komplexer dreidimensionaler Strukturen. Kalilauge bekommt man in der Apotheke nicht ohne die Frage, zu was man die den brauche. Die Antwort „Zum Mazerieren von Insektengenitalien!" sorgt dann zumindest für hochgezogene Augenbrauen. Neben einigem Präparationsgeschick benötigt man auch ein leistungsfähiges Stereomikroskop, denn die Strukturen sind winzig. Das spiegelt sich im „Muggaseggele" wider, der kleinsten schwäbischen Maßeinheit. Mit „Mugg" ist dabei keine Mücke, sondern eine Fliege gemeint, mit dem „Seggl" das männliche Geschlechtsteil. Durch das in Schwaben gerne angewendete Diminutiv wird daraus ein „Seggele". Ins Wissenschaftliche übersetzt ist ein Muggaseggele der Aedeagus einer Stubenfliege (*Musca domestica*). Der Entomologe Hans-Peter Tschorsnig vom Stuttgarter Naturkundemuseum präparierte, vermaß und vermeldete: ein Muggaseggele = 0,22 Millimeter.

Natürlich entstand die ganze Vielfalt der Geschlechtsorgane nicht, um uns die Bestimmung von Arten zu erleichtern. Wir können sie nur dazu nutzen. Was also steckt dahinter? Oft wird argumentiert, dass dadurch versehentliche Paarungen mit nah verwandten Arten verhindert werden. Eine erfolgreiche Kopulation sei nur möglich, wenn die männliche und die weibliche Anatomie wie Schlüssel und Schloss exakt zusammenpassten. Eine auf den ersten Blick einleuchtende, auf den zweiten nicht ganz überzeugende Erklärung. Bei vielen Insektenarten sind nämlich nur die „Schlüssel" der Männchen unterschiedlich, während sich die „Schlösser" der Weibchen kaum unterscheiden. Anders als die Männchen haben die Weibchen keine auffälligen äußeren Kopulationsorgane. Manche beeindrucken dagegen durch aufwendige Apparate zur Eiablage, Ovipositor genannt, die Langfühlerschrecken zum Beispiel. Nicht zufällig lautet der wissenschaftliche Name dieser Gruppe Ensifera, zu Deutsch Schwertträger. Dazu gehört eine unserer größten Heuschrecken, das Große Heupferd (*Tettigonia viridissima*). Es trägt am Körperende einen auffälligen kräftigen Legesäbel, der so lang wie das ganze Abdomen ist. Diesen Säbel stößt das Weibchen bei der Eiablage tief in den Boden. Fast unglaublich ist, mit welcher Technik und Präzision manche Hautflügler ihren oft nadeldünnen Ovipositor einsetzen. Die Holzwespen-Schlupfwespe (*Rhyssa persuasoria*) kann damit selbst massives Holz durchdringen (S. 98). Und zwar genau dort, wo sie eine tief drinnen verborgene Larve einer Holzwespe geortet hat. An diese will sie ihr Ei legen, denn nur dort kann sich ihre Larve entwickeln. Ob es sich lohnt, einen Baum näher zu untersuchen, erkennt die Schlupfwespe am Geruch. Sie erschnuppert dabei aber nicht die Larve selbst, sondern das Aroma eines Pilzes, den die Holzwespenlarve nutzt, um Holz zu verdauen. Hier lohnt es sich, den Bohrer anzusetzen. Ober wo genau? Die Schlupfwespe tastet die Holzoberfläche mit den Antennen und dem Ovipositor ab, um die richtige Stelle zu finden. Schließlich entscheidet sie sich, reckt den langen Hinterleib hoch in die Luft, setzt den Legebohrer senkrecht auf die Oberfläche und beginnt, ihn ins Holz zu treiben. Anfangs wird der Bohrer noch von den beiden Stachelscheiden geführt, die ihn auch schützen, wenn er nicht in Gebrauch ist. Damit wird verhindert, dass er beim Eindringen ins Holz abknickt. Klappt das nicht, zieht die Schlupfwespe zurück, streckt den Ovipositor wieder und versucht es an einer anderen Stelle erneut. Überhaupt gehen der Hauptbohrung öfter kurze Sondierungsbohrungen voraus. Wobei „Bohrer" und „Bohrung" eigentlich falsche Begriffe sind. Der Legebohrer dreht sich nämlich nicht. Er besteht aus drei Elementen, die durch ineinandergreifende Leisten längs verfalzt sind. Das Innere ist hohl, die wichtigste Funktion der Legeröhre ist ja die Eiablage. Die drei Röhrenelemente lassen sich einzeln bewegen und gegeneinander verschieben. Dabei wird die Reibung zwischen den Teilen vermutlich durch Schmierstoffe herabgesetzt. Die Muskeln, mit denen die Röhrenteile bewegt werden, sitzen im Abdomen. Beim Eindringen ins Holz werden die Teile wechselseitig vorgeschoben. Während ein Röhrenelement vordringt, weichen die beiden anderen etwas zurück, was den Vortrieb insgesamt erleichtert. Aus demselben Grund ist der Ovipositor vorne zugespitzt und geriffelt. Bis zu einer halben Stunde braucht *Rhyssa*, um den Legestachel bis zum Ziel vorzutreiben, das vier Zentimeter unter der Oberfläche liegen kann. Dort wird der Bohrer zur Spritze. Eine Giftinjektion lähmt die Holzwespenlarve. Danach

Faszinierende Mikro-Mechanik: Mit unglaublicher Präzision treiben Schlupfwespen ihren nadelfeinen Ovipositor durchs harte Holz.

quetscht sich ein langes dünnes und sehr stark verformbares Ei durch die enge Röhre. Die folgenden fünf Wochen ernährt sich die Larve der Schlupfwespe von der der Holzwespe. Diese kann sich nach dem Giftstich nicht mehr bewegen, bleibt aber frisch und verwest nicht, bis die Larve der Schlupfwespe sie komplett verspeist hat und sich anschließend verpuppt (S. 201).

Ganz ähnlich wie ihre große Verwandte geht auch die Lagererzwespe (*Lariophagus distinguendus*) vor, ebenfalls ein Hautflügler, aber keine Schlupf-, sondern eine Erzwespe. Während *Rhyssa* zu den Riesen gehört, ist sie ein Zwerg. Die Männchen sind zwei, die Weibchen drei Millimeter groß. Sie haben es vor allem auf die Larven von Kornkäfern (*Sitophilus granarius*) abgesehen, die sie im Inneren von Getreidekörnern aufspüren. Mit dem Legebohrer wird das Getreidekorn perforiert. Bevor das Ei gelegt wird, tastet die Erzwespe die Oberfläche der Käferlarve mit dem Ovipositor auf der Suche nach der bestgeeigneten Stelle großflächig und intensiv ab. Dabei wird die enorme Flexibilität der Legeröhre deutlich; dadurch, dass die im Abdomen sitzenden Muskeln die Rohrelemente einzeln bedienen können, sind Biegungen des Gesamtrohrs bis hin zum rechten Winkel möglich. Auch die Holz-

— Legesäbel

Mit dem kräftigen Eiablege-Apparat an der Spitze des Abdomens deponiert das Grüne Heupferd (*Tettigonia viridissima*) seine Eier tief in der Erde.

Hightech

Der Ovipositor der Holzwespen-Schlupfwespe (*Rhyssa persuasoria*) ist ein technisches Wunderwerk. Das Insekt treibt die nadeldünne Röhre durchs harte Holz und trifft zielsicher auf die Larven der Holzwespe (S. 96). Bevor sie ihr Ei legt, lähmt sie diese mit einem Stich.

— **Bombardierkäfer**

Brachinus explodens ist ein Spezialist für defensive chemische Kriegsführung. Mit seinem in einer speziellen Reaktionskammer zur Explosion gebrachten Chemie-Cocktail hat er auch schon den berühmten Naturforscher Charles Darwin beschossen.

wespen-Schlupfwespe muss den Ovipositor nicht unbedingt gerade durchs Holz stoßen, sondern kann Kurven „bohren" – ein weiterer Beleg für die unschlagbaren Materialeigenschaften des Chitins (S. 36).

Wie bei der enormen Vielfalt der Insekten nicht anders zu erwarten, gibt es über die Abdomen-Standard-Ausrüstung hinaus noch viele individuelle Zusatzausstattungen, wie zum Beispiel die schon vorgestellten Musikinstrumente und Hörorgane der Zikaden (S. 41). Eine weitere, besonders spektakuläre, ist die Explosionskammer bei einer Laufkäfergruppe mit dem sprechenden Namen Bombardierkäfer (Brachininae, z.B. *Brachinus explodens*). Diese lagern in speziellen Drüsen hergestelltes Wasserstoffperoxid (H_2O_2) als 28%ige wässrige, zusätzlich mit Hydrochinon-Derivaten versetzte Lösung in zwei Behältern im Hinterleib. Fühlt der Käfer sich bedroht, richtet er die Spitze seines Hinterleibs auf den Angreifer und presst etwas von der Flüssigkeit aus den Vorratsbehältern in die ebenfalls paarig vorhandenen Reaktionskammern.

Diese haben dicke Wände, damit der Käfer bei dem, was nun passiert, unversehrt bleibt. In der Explosionskammer wird die Wasserstoffperoxid-Hydrochinon-Lösung durch Enzyme (Katalasen und Peroxidasen) aktiviert, und los geht's! In einer exothermen Reaktion zerfällt Wasserstoffperoxid in Wasser und Sauerstoff – blitzartig steigt der Druck im Kessel und es wird richtig heiß. Gleichzeitig oxidiert Hydrochinon zum giftigen und krebserregenden 1,4-Benzochinon. Mit Sauerstoff als Treibgas heißt es jetzt „Feuer frei". Ein kleiner Knall ertönt und der Angreifer wird mit dem kochend heißen (100 °C!), ätzenden Gasgemisch beschossen. Notfalls auch mehrmals, denn der Käfer geht sparsam mit der Munition um und kann bis zu 20-mal nachladen. Jeder einzelne „Schuss" besteht dabei eigentlich aus einer ganzen Salve. Würde das komplette Gemisch auf einmal gezündet, könnte der Käfer selbst Schaden leiden. Deshalb wird jeder Schuss in etwa 70 Mikroexplosionen zerlegt, die innerhalb von 0,15 Sekunden abgefeuert werden. Bis zu 20 cm weit wirkt die Chemiewaffe, bei einer Käfergröße von 1,5 cm eine beachtliche Reichweite. Meist richtet sich die Abwehr gegen andere Insekten oder Vögel, die den Käfer erbeuten wollen. Aber auch der große Charles Darwin (1809–1882) wurde schon beschossen. Als junger Mann hatte der später weltberühmte Naturforscher eine fanatische „Käferphase", von der er in seiner Autobiografie berichtet: „Es war die reine Sammelleidenschaft; ich sezierte sie nicht und verglich auch ihre äußeren Merkmale nur selten mit veröffentlichten Beschreibungen, sondern benannte sie irgendwie. Ich will eine Probe meines Eifers geben: Eines Tages riss ich alte Rinde ab und sah zwei seltene Käfer und ergriff jeden mit einer Hand; dann sah ich eine dritte und neue Art, die zu verlieren ich nicht ertragen konnte, also steckte ich den, den ich in der rechten Hand hielt, in den Mund. Leider stieß er eine ätzende Flüssigkeit aus, die auf meiner Zunge brannte, so dass ich gezwungen war, den Käfer auszuspucken, der dann ebenso verloren war wie der dritte." Mission accomplished: Der Bombardierkäfer hatte sich erfolgreich verteidigt!

FLIEGENDE KREBSE

Man kann sich kaum vorstellen, dass zarte Insekten über Jahrmillionen als Fossilien erhalten bleiben können. Unter sehr speziellen Bedingungen ist es aber möglich, zum Beispiel am Boden von Gewässern, wenn keine zersetzenden oder wühlenden Organismen unterwegs sind und die filigranen Kadaver schnell in feinkörnigen Schlamm eingebettet werden. Dann können Fossilien entstehen, bei denen selbst noch Details wie das Flügelgeäder gut erkennbar sind. Unschlagbar in ihrer Qualität sind Fossilien in Bernstein. Dort sehen die Insekten aus, als seien sie eben mitten aus dem Leben gegriffen, selbst wenn es schon 100 Millionen Jahre her ist, dass sie an einem klebrigen Harztropfen hängen blieben, sich nicht mehr befreien konnten und schließlich komplett umhüllt wurden. Die Bernsteine, die man am Nord- oder Ostseestrand finden kann, gehören zum Baltischen Bernstein, der vor 35–45 Millionen Jahren in Nordeuropa entstand. Die eingeschlossenen Insekten lassen sich meist problemlos als Eintagsfliege, Käfer, Biene, Ameise oder Mücke einer der heute bekannten Insektengruppen zuordnen. Anders ist es bei Bernstein aus Myanmar (früher Birma), der mit 100 Millionen Jahren weit in die Saurierzeit zurückreicht (und tatsächlich gelegentlich ein Stückchen Echse enthält). Die Insekten, die hier entdeckt werden, stehen oft „zwischen" den Ordnungen und vermitteln uns ein Bild davon, wie die Vorfahren der heutigen Großgruppen ausgesehen haben – fantastische Einblicke direkt in die Evolutionsgeschichte. Leider gibt es nicht viele noch ältere Bernsteinvorkommen mit Inklusen (Einschlüssen) und bei 230 Millionen Jahren ist Schluss mit diesen Goldgruben der Paläontologie. Für frühere Funde ist man wieder auf Fossilien aus Sedimenten angewiesen, die zunehmend schwieriger einzuordnen sind, je weiter man in der Zeit zurückreist. Immer wieder werden „älteste" Insekten beschrieben, wie zum Beispiel im Jahr 2012 *Strudiella* aus dem Oberdevon (etwa 360 Millionen Jahre alt), die dann wieder angezweifelt werden: *Strudiella* sei kein Insekt, sondern ein fossiler Krebs. So ist über die Frühgeschichte der In-

— **Versteinert**

55 Millionen alt und doch ohne weiteres als Zweiflügler erkennbar – die zu Halteren (S. 35) umgewandelten Hinterflügel sind deutlich zu sehen, die Zuordnung zu den Mücken kein Problem.

sekten bis heute leider nicht besonders viel bekannt. Aber Geschichte hinterlässt Spuren und diese lassen sich bis in die Gegenwart verfolgen. Verlegen wir die Spurensuche also von den fossilen zu den heutigen Insekten und schauen uns in ihrer Verwandtschaft um.

Die nächsten Verwandten der Insekten sind leicht auszumachen. Sie teilen mit den Insekten wichtige Merkmale. Zum Beispiel ein Exoskelett mit einem aus (teilweise miteinander verschmolzenen) Segmenten aufgebauten Körper und gegliederten Beinen. Die Beine haben der ganzen Verwandtschaftsgruppe ihren Namen gegeben: Gliederfüßer oder, wissenschaftlich, Arthropoden (was übersetzt dasselbe heißt). Dazu gehören außer den Insekten die Krebstiere (Crustacea), die Tausendfüßer (Myriopoda) und die Kieferklauenträger (Chelicerata). Letztere umfassen die artenarmen Pfeilschwänze (Xiphosura) und die artenreichen Spinnentiere (Arachnida) mit Webspinnen, Weberknechten, Skorpionen, Milben und noch ein paar anderen Gruppen.

Wer unter all diesen ist nun am engsten mit den Insekten verwandt? Die Cheliceraten sind als erste aus dem Rennen. Sie haben keine Mandibeln, alle anderen haben welche. Bleiben die Tausendfüßer und die Krebse. Lange wurden die Tausendfüßer wegen zahlreicher gemeinsamer Merkmale als nächste Verwandte der Insekten favorisiert: Sie leben wie die Insekten an Land, atmen mit Tracheen (S. 47) und haben Malpighische Gefäße (S. 91). Heute geht man aber davon aus, dass diese Organsysteme in der Evolution unabhängig voneinander entstanden sind (man spricht in solchen Fällen von Konvergenz). Als nächste Verwandte der Insekten gelten jetzt die Krebse. Die Argumente dafür liegen in den Genen. Die Untersuchung des Erbguts hat in den letzten Jahrzehnten unglaubliche Fortschritte gemacht. Inzwischen lassen sich Genabschnitte oder ganze Genome mit geringem zeitlichen und finanziellen Aufwand auslesen und vergleichen. Viele unserer Vorstellungen vom Ablauf der Evolution wurden dadurch bestätigt, andere komplett

— **Bernstein**

100 Millionen Jahre alt, mitten in der Ära der Dinosaurier. Viele Insekten aus dieser Zeit lassen sich den heutigen Gruppen nicht ohne weiteres zuordnen. Sie stellen frühere evolutionäre Stadien dar. Ein Beispiel ist *Psocorrhyncha burmitica*. Die Art begründet eine eigene Insektenordnung Permopsocida und gilt als evolutionäres Bindeglied zwischen den heutigen Staub- und Rindenläusen einerseits und den pflanzensaugenden Insekten (Fransenflügler, Pflanzenläuse, Zikaden, Wanzen) andererseits.

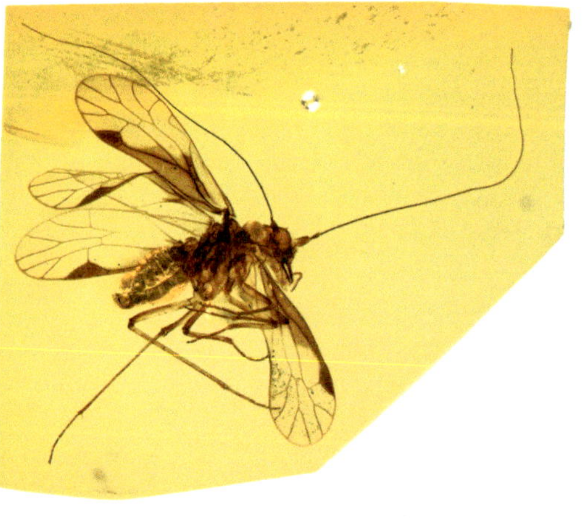

— Die weitere Verwandtschaft

Ein Exoskelett und gegliederte Beine: das sind gemeinsame Merkmale aller Gliederfüßer, zu denen die Insekten gehören. Wer auf diesem Bild zu den Insekten gehört, finden Sie selbst heraus! Sie erinnern sich: drei Körperabschnitte, sechs Beine, vier Flügel.

— Die nähere Verwandtschaft

Innerhalb der Insekten lassen sich zahlreiche verschiedene Gruppen (Ordnungen) unterscheiden, zum Beispiel die Käfer, die Schmetterlinge, die Wanzen, Zweiflügler usw. Jede dieser Gruppen geht auf einen gemeinsamen Vorfahren zurück, und dieser wiederum auf einen gemeinsamen Vorfahren aller Insekten.

— **Flügellos**

Die ersten Insekten hatten keine Flügel. Solche primär flügellosen Ur-Insekten gibt es bis heute. Dazu gehören unter anderem die Springschwänze.

über den Haufen geworfen, sodass neu gedacht werden muss und kann. Klar ist, dass Insekten und Krebse gemeinsame Vorfahren haben. Das kann man sich noch vorstellen. Gewöhnungsbedürftiger ist dagegen die Erkenntnis, dass sich der Weg nicht ganz am Anfang in „hier Krebse, dort Insekten" getrennt hat. Nein: Der Stammbaum der Insekten wurzelt mitten in dem der Krebse! Mit anderen Worten: Insekten sind Krebse, die an Land (und später in die Luft) gegangen sind! Und ausgerechnet das Meer, der Lebensraum, aus dem sie stammen, ist heute insektenfrei. Heutige Insekten sind ausgesprochene Landtiere, wenn auch gar nicht so wenige nachträglich wieder zum Leben im Süßwasser übergegangen sind. Fossilien, die die marine Vorgeschichte der heutigen Insekten konkret belegen, fehlen leider noch – man darf weiterhin gespannt sein, wie die frühe Evolution der Insekten konkret ausgesehen hat.

Flügel hatten die ersten Insekten auf jeden Fall nicht. Das gilt bis heute für fünf früher als „Ur-Insekten" zusammengefasste Gruppen, zu denen beispielsweise die in der Streuschicht des Bodens besonders häufigen Springschwänze (Collembola) und die Felsenspringer (Archaeognatha) gehören. Ein solches Ur-Insekt ist Ihnen sicher auch schon persönlich begegnet: Nicht allzu trockene Wohnungen teilen wir oft mit dem nachtaktiven Silberfischchen (*Lepsima saccharina*). Wenn Sie genauer hinsehen, erkennen Sie es an der Gliederung in Kopf, Brust und Hinterleib, an den sechs Beinen und zwei Antennen sofort als Insekt.

Wer von diesen Ur-Insekten denn nun das ursprünglichste Insekt – sozusagen das Ur-Ur-Insekt –

repräsentiert, wie sie untereinander verwandt sind und wer von ihnen als nächster Verwandter der geflügelten Insekten in Frage kommt, wird noch heftig diskutiert. Jüngst wurde vorgeschlagen, drei Gruppen der Ur-Insekten, darunter den Springschwänzen, den Insektenstatus ganz zu entziehen, und gleichzeitig eine neue übergeordnete Gruppe zu definieren, die der Hexapoda (= Sechsbeiner), in der sie dann mit den eigentlichen Insekten wieder unter einem Dach vereinigt werden. Das mag alles ein wenig akademisch erscheinen. Letztendlich geht es aber darum, zu verstehen, wie die Insekten zur erfolgreichsten Tiergruppe der Erde werden konnten, und das macht solche Fragen interessant.

Spätere Schlüsselereignisse in der Evolution der Insekten waren die Entwicklung der Flügel und damit die Erschließung des Luftraums. 99 % aller Insekten gehören heute zu den geflügelten Insekten, den Pterygota. Die Vorteile sind offensichtlich: Man kann sich leichter über größere Gebiete ausbreiten, neue Lebensräume erschließen und leichter entkommen, wenn es gefährlich wird. Es folgten Innovationen im Bau des Flügelgelenks bei den Neoptera (S. 78). Fortan ließen sich die Flügel platzsparend über dem Körper zusammenlegen. Und schließlich die Einführung der sogenannten „vollständigen Verwandlung" mit einem Puppenstadium bei den Holometabola (S. 108) – und nun wird es Zeit, sich im nächsten Kapitel endlich mit den jugendlichen Insekten zu beschäftigen, den Larven.

— Ur-Insekt

Silberfischchen (*Lepisma saccharina*) gehören wie Springschwänze zu den Ur-Insekten. Sie repräsentieren ein frühes evolutionäres Stadium, bevor die Insekten die Flügel „erfunden" haben.

AUS DER HAUT FAHREN: INSEKTEN-JUGEND

Komplizierte Kindheit

Fressen, wachsen, Reserven bilden – dem widmen Insekten-Larven ihr Leben am Boden, im Gesträuch oder im Wasser. In die Luft geht es erst nach der letzten Häutung.

Letzte Häutung

Aus der letzten Larve schlüpft das geflügelte und geschlechtsreife Insekt. Die Blaugrüne Mosaikjungfer (*Aeshna cyanea*) gehört zu den Insekten ohne Puppenstadium.

— **Langes Leben als Larve**

Die Larve der Gelben Eintagsfliege (*Heptagenia sulphurea*) lebt am Boden von Fließgewässern. Der Strömung hält sie durch ihre abgeflachte Form und kräftige Beine stand. An den Seiten des Abdomens stehen büschelförmige Tracheenkiemen. Damit kann die Larve unter Wasser atmen.

— **Kurzes Leben als Imago: Ein-Tags-Fliege**

Als geflügelte Imago lebt die Gelbe Eintagsfliege (*Heptagenia sulphurea*) tatsächlich nur kurz. Wenn sie sich gepaart und Eier gelegt hat, ist ihr Lebenszweck erfüllt.

METAMORPHOSE

Fast alles, was Sie bis hierher gelesen haben, bezieht sich auf erwachsene Insekten. Das ist höchst ungerecht. Denn bei vielen Insekten dauert die Jugendzeit als Larve viel länger als das Leben als Imago (Mehrzahl Imagines; lat. imago = Bild – so werden aus unerfindlichen Gründen die erwachsenen Insekten genannt). Der Rekord liegt bei 17 Jahren bei der amerikanischen Zikadengattung *Magicicada*. Das Leben der Imagines dagegen dauert nur wenige Wochen. Die Larven leben im Boden und schlüpfen synchron. So kommt es alle 17 Jahre zu einem spektakulären Massenauftreten der Zikaden, während man in der Zwischenzeit vergeblich sucht. Schlüpfen die Zikaden, ist das ein Fest für all ihre Liebhaber. Vögel, Reptilien, kleine Säugetiere bedienen sich großzügig – aber irgendwann sind alle satt. Dass sie mit der schieren Menge an Insekten überfordert sind und das Gros der Zikaden dadurch unbehelligt bleibt, könnte ein Grund für den 17-Jahre-Zyklus sein. Ganz überzeugend ist die Erklärung nicht, denn die meisten Insekten verfolgen eine andere Strategie und treten alljährlich ziemlich berechenbar auf.

Carl von Linné (S. 6) war vom Lebenszyklus der Zikaden so beeindruckt, dass er die Zahl 17 in ihrem wissenschaftlichen Namen verewigte und sie *Cicada septendecim* nannte (lat. septendecim = 17). Heute wird die Art der Gattung *Magicicada* zugeordnet, was man mit „Zauberzikade" übersetzen könnte. Einer anderen Insektengattung verpasste Linné den Namen *Ephemera*. Ephemer bedeutet laut Duden „für nur kurze Zeit bestehend, flüchtig, rasch vorübergehend". *Ephemera* ist eine Eintagsfliege. Der Name ist aber nur richtig, wenn man ihn ganz wörtlich nimmt: Die Imagines der Eintagsfliegen fliegen in der Tat nur einen Tag oder unwesentlich länger. Als nicht flugfähige Larve dagegen leben die meisten Eintagsfliegen je nach Art zwischen einem und vier Jahren am oder im Boden von Gewässern. Auch hier schlüpfen die Imagines oft synchronisiert (wobei sich – eine Besonderheit der Eintagsfliegen – die wasserlebende Larve zunächst zu einer bereits flugfähigen „Subimago" häutet, aus

1 — Hemimetabol

Der frisch geschlüpften Punktierten Zartschrecke (*Leptophyes punctatissima*) sieht man ihre Heuschreckennatur schon deutlich an.

2 — Holometabol

Die Larven der holometabolen Insekten gleichen Wundertüten: Sie lassen nicht erahnen, wie die Imagines aussehen werden. Das klärt sich erst beim Schlupf aus dem zwischen Larve und Imago eingeschobenen Puppenstadium. Raupe des Buchen-Gabelschwanzes (*Furcula furcula*).

3 — Raupen

Ganz ahnungslos, was aus einer Insektenlarve wird, muss man nicht sein. Dass aus einer Raupe wie dieser mit einer Kopfkapsel, drei Beinpaaren im Brustbereich und Bauchfüßen am Abdomen ein Schmetterling wird, ist klar. Nur welcher? Das auffällige Muster verrät den Schwalbenschwanz (*Papilio machaon*, S. 137).

— Maden

Fuß- und scheinbar kopflose Maden sind die typischen Jugendstadien der Fliegen. Oft löst schon der Begriff „Made" leichte Ekelgefühle aus. Dass sie auch ganz apart aussehen können, beweist die Larve der Hainschwebfliege (*Episyrphus balteatus*). Durch die transparente Oberfläche schimmern Mageninhalt, Fettkörper und Tracheen. Die Mundöffnung liegt links.

1 — Tagpfauenauge I: Ei

Die Mutter sorgt vor: Sie legt ihre Eier gezielt an Blätter der Nahrungspflanze des Nachwuchses, einer Brennnessel. Zwei bis drei Wochen später schlüpfen die Raupen.

2 — Tagpfauenauge II: Raupe

Mehrere Wochen wird gefressen und gewachsen. Dazu häuten sich die Raupen mehrmals.

3 — Tagpfauenauge III: Verpuppung

Die Larve hängt sich mit dem Hinterende auf, dann platzt die Cuticula, ausgehend vom Kopf, von vorne nach hinten auf. Die Puppe verfärbt sich von hellgrün zu braun.

4 — Tagpfauenauge IV: Schlupf

Gut zwei Wochen später reißt die Puppe auf, der Falter schlüpft, pumpt seine Flügel auf, gewinnt Festigkeit und Farbe.

5 — Tagpfauenauge V: Imago

Der Falter ist „fertig". Tagpfauenaugen können recht alt werden, weil sie auch als Imago überwintern.

der dann wenig später die eigentliche Imago schlüpft). Das gleichzeitige Schlüpfen senkt auch hier einerseits das Risiko, gefressen zu werden, andererseits erleichtert es die Partnerfindung. Denn das ist der einzige „Zweck" der geschlechtsreifen Tiere: sich zu paaren, Eier zu legen und damit einer nächsten Generation zum Leben zu verhelfen. Das ist tatsächlich in kurzer Zeit erledigt – so schnell, dass die von der Larve angesammelten Energiereserven dafür vollkommen ausreichen. Aufs Essen wird keine Zeit verschwendet. Nahrungsaufnahme ist nicht mehr vorgesehen: Die Mundwerkzeuge der Imagines sind verkümmert.

Es wäre also nur folgerichtig, die Larven als die „eigentlichen" Insekten zu betrachten. Aber es sind eben die Imagines, die das Ziel des Lebens vollenden, nämlich sich fortzupflanzen und zu reproduzieren. Und natürlich spiegelt es auch unsere eigene Perspektive wider: Wir sehen die Schmetterlinge, aber nicht die Raupen. Das Leben der meisten Larven spielt sich im Verborgenen ab.

Die Entwicklung der Larven verläuft bei Insekten auf zwei grundsätzlich unterschiedlichen Wegen. Schlüpft aus einem Heuschreckenei eine Larve, gleicht sie einer Miniaturausgabe der Eltern. Zwar sind einige Merkmale noch nicht ausgebildet – ganz besonders offensichtlich die Flügel –, aber das Tier ist ohne Zweifel und sofort erkennbar eine Heuschrecke. Dagegen schlüpft aus einem Schmetterlingsei ein scheinbar völlig anderes Tier. Die Schmetterlingslarve – die Raupe – erinnert auf den ersten Blick an einen gegliederten Wurm, aufgebaut aus zahlreichen gleichartigen Segmenten. Erst auf den zweiten Blick erkennt man einen Kopf mit Punktaugen (Ocellen) und kräftigen Mundwerkzeugen. Schließlich ist fressen die Hauptbeschäftigung der Raupen. Die drei Segmente hinter dem Kopf tragen je ein Beinpaar, bilden demnach zu-

1

2

3

4

5

sammen den Thorax. Die übrigen Segmente gehören zum Abdomen. Die Beine, die dort sitzen, sind keine „echten" Beine, auch wenn sie genau wie diese der Fortbewegung und dem Festhalten dienen. Als echtes Bein zählt bei den Gliederfüßern nur ein gegliedertes, am Thorax sitzendes. An den Seiten des Abdomens fällt rechts und links eine Reihe kleiner Punkte auf. Das sind die Öffnungen des Tracheensystems, die Stigmen (S. 47). An solchen Merkmalen lässt sich die Insektennatur einer Raupe beim genauen Hinschauen also durchaus erkennen, nicht aber ihre Zugehörigkeit zu den Schmetterlingen. Anders als das Kind einer Heuschrecke ähnelt das eines Schmetterlings seinen Eltern kein bisschen. Noch extremer ist es bei den Fliegen, denn die Larven der Fliegen, gemeinhin als „Maden" bezeichnet, haben weder einen klar definierten Kopf mit Augen noch gegliederte Gliedmaßen. Eine Dreigliederung in Kopf, Thorax und Abdomen ist oberflächlich nicht mehr erkennbar. Die einzigen festen Teile vieler Fliegenmaden sind stark sklerotisierte Mundhaken am Vorderende, die dunkel durchschimmern können, und zwei kleine Sockel am Hinterende, auf denen die Tracheen münden.

Damit aus einer Raupe ein Schmetterling und aus einer Made eine Fliege wird, ist ein radikaler Umbau des kompletten Organismus nötig. Das lässt sich nicht so nebenbei mit einer einfachen Häutung bewerkstelligen. Zwischen Larve und Imago wird dazu ein weiteres Stadium geschoben: die Puppe. Der Organismus zieht sich gewissenmaßen in sich selbst zurück, löst sich, von einer stabilen Hülle geschützt, fast vollständig auf und reorganisiert sich in einer gänzlich neuen Gestalt, der Imago: eine vollständige Verwandlung oder vollständige Metamorphose, im Gegensatz zur allmählichen Verwandlung zum Beispiel der Heuschrecken. Häufig verwendet werden auch die Begriffe „holometabol" für die vollständige und „hemimetabol" für die allmähliche Metamorphose.

Weil sich die Puppe nicht oder nur wenig bewegt, wird für diese Zeit oft der Ausdruck „Puppenruhe" benutzt. Von außen stellt sich das so dar, aber im Innern ist alles andere als Ruhe; dort wird intensiv gear-

— Klassiker

In der „Kleinen Raupe Nimmersatt" treffend in Szene gesetzt: Die Gefräßigkeit der Raupen und die fantastische Verwandlung in der Puppe.

beitet. Innerhalb weniger Tage oder Wochen entsteht ein völlig neuer Körper. Die Organe der Larve werden abgebaut und die der Imago bilden sich. Nur wenige Strukturen werden kaum verändert übernommen, darunter das Herz (S. 90) und die Malpighigefäße (S. 91). Dagegen werden Darm, Tracheen und Nerven komplett reorganisiert. Vollständig neu entstehen unter anderem Flügel und Beine. Die gesamte Entwicklung kann ziemlich schnell durchlaufen werden. Die Essigfliege (*Drosophila melanogaster*) ist nicht zuletzt deshalb seit über hundert Jahren eines der Lieblingstiere der Genetik, weil man nicht lange warten muss, bis man Ergebnisse bekommt. Keine 24 Stunden nach der Eiablage schlüpft die Made, fünf Tage später verpuppt sie sich und nach weiteren vier Tagen verlässt die Imago die Puppenhülle. Zwölf Stunden später ist sie bereits geschlechtsreif. Viele Insekten legen aber auch Entwicklungspausen ein, die jahreszeitenabhängig unterschiedlich lang sein können. Beim Schwalbenschwanz (*Papilio machaon*) dauert die Puppenruhe im Sommer etwa 20 Tage, über den Winter dagegen mehrere Monate.

Die enge Beziehung von Raupe und Schmetterling erstaunt heute niemanden mehr. Generationen sind mit dem 1969 erstmals erschienenen Bilderbuch „Die kleine Raupe Nimmersatt" von Eric Carle aufgewachsen – ein genialer Wurf. Aus Sicht der Biologie ist lediglich das etwas zu groß geratene Nahrungsspektrum der Raupe vom Blatt über die Erdbeere bis hin zu Wurst und Kuchen fragwürdig. Schmetterlingsraupen sind gewöhnlich höchst spezialisiert und ernähren sich meist von nur einer oder wenigen Pflanzenarten: Die Raupen der Kastanienminiermotte (*Cameraria ohridella*) fressen zum Beispiel nur das Innere der Blätter von Rosskastanien, für die des Buchsbaumzünslers (*Cydalima perspectalis*) muss es dagegen unbedingt Buchsbaum sein. Betreffen ihre Vorlieben wie in diesen Fällen Nutz- oder Zierpflanzen, erklären wir sie zu „Schädlingen".

Etwa 17 Milliarden US-Dollar wurden im Jahr 2021 mit Seide umgesetzt – Tendenz stark steigend.

SEIDE

Ein anderer, ebenfalls hochspezialisierter Schmetterling gehört dagegen (neben der Honigbiene) zu den wenigen Insektenarten, die man wie Kuh und Huhn zu den Nutztieren zählen kann: der Seidenspinner. In seinem wissenschaftlichen Namen *Bombyx mori* steckt *Morus*, der Maulbeerbaum, von dessen Blättern sich die Raupen ausschließlich ernähren. Die begehrte Seide erzeugen die Larven in zwei großen Drüsen am Unterkiefer. Die Seidendrüsen sind riesig: 25 cm und 40 % des Körpergewichts der bis zu 10 cm langen Raupe. Mit dem hauchdünnen, 1,2–2,4 Tausendstel Millimeter starken und durch den „Seidenleim" Sericin verklebten Protein-Doppelfaden spinnt die Larve vor der Verpuppung einen schützenden Kokon. Der Seidenleim erhärtet an der Luft, sodass der Kokon recht stabil ist. Schlüpfen dürfen die Schmetterlinge aber nicht mehr. Sie würden sich dabei durch den Ko-

— Seide

Die Produktion von Spinnfäden – nichts anderes ist Seide – ist bei Insekten weit verbreitet. Insofern ist Seide kein exklusives Produkt des Seidenspinners (*Bombyx mori*). Aber kein anderer erreicht die Qualität seines Seidenfadens.

— Exklusiv

Japan, im Jahr 1883: Unter der Aufsicht der Kaiserin stellen Hofdamen Seide her: Sie bereiten die Eier auf, schneiden die Blätter des Maulbeerbaums, füttern Raupen und verarbeiten die Seidenkokons. Utagawa Kuniaki (1835–1888), farbig gedruckter Holzschnitt.

kon nach außen nagen und den Seidenfaden dadurch in lauter kleine Stücke zerlegen. Deshalb werden die Falter im Puppenstadium abgetötet. Für ein Kilo Seide sterben 12 000 Falter. Anschließend wird der Seidenleim entfernt, dann der Seidenfaden abgewickelt: eine Endlosfaser von 700–1000 Meter pro Kokon! Wie überall in der Nutztierhaltung wird auch hier alles getan, um den Ertrag zu steigern. So wird zum Beispiel das letzte Larvenstadium durch Hormongaben verlängert. Die Raupe produziert dann mehr Seide, so viel, dass sie sich nicht mehr aus ihrem Kokon befreien könnte – aber das ist bei der Seidengewinnung ja sowieso nicht vorgesehen. Der Seidenspinner ist nicht der einzige Falter, der Seidenkokons herstellt, aber der einzige, der wegen der besonderen Qualität seines Spinnfadens in Kultur genommen wurde, in China vermutlich schon vor etwa 5000 Jahren. Vielleicht hüllte man sich aber bereits in der Steinzeit in Seide. Die frühesten Hinweise darauf stammen jedenfalls aus 8500 Jahre alten Frauengräbern einer neolithischen Siedlung am Gelben Fluss im heutigen China. Zwar fand man keine Stoffreste oder ähnliches; man kann sich jedoch auf molekularbiologische Befunde stützen. Weitere Indizien sind dort gefundene Nähnadeln und Werkzeuge zum Weben, aber natürlich könnten damit auch andere Fasern verarbeitet worden sein.

Seide war schon im klassischen Altertum auch in Europa hoch begehrt. Das Römische Reich wurde anfangs auf dem Seeweg beliefert, von China über indische Zwischenhändler in Sri Lanka bis ins Rote Meer, wo arabische und griechische Geschäftspartner übernahmen. Kamelkarawanen brachten den begehrten Stoff ins ägyptische Alexandria, wo er von römischen Händlern aufgekauft und übers Mittelmeer verschifft wurde. Später kam transkontinentaler Fernhandel über die berühmte Seidenstraße dazu – kein feststehender Highway, sondern ein ganzes Netz von Karawanenwegen quer durch den asiatischen Kontinent. Mit Seide ließ sich sehr viel Geld verdienen. Während China mit drakonischen Methoden versuchte, sein Monopol zu schützen (auf den Export von Eiern und Raupen stand die Todesstrafe), versuchte die Konkurrenz, an Tiere und Knowhow zu kommen. Das gelang ihr ab etwa 550 n. Chr. mit dem Aufbau der Produktion von Seide im Byzantinischen Reich und in Persien. Ab dem 12. Jahrhundert wurde Seide vor Ort in Italien hergestellt und verarbeitet. Später setzten auch viele Bauern in Frankreich auf den Anbau von Maulbeerbäumen und die Zucht von Raupen. Schließlich erreichten die Kulturen, von Friedrich II. von Preußen massiv gefördert, selbst Deutschland, kein ideales Pflaster für den frostempfindlichen Maulbeerbaum. Mitte des 19. Jahrhunderts brach die europäische Seidenindustrie dann zusammen: Ein einzelliger Parasit machte ihr den Garaus, der Erreger der Flecken- oder Pébrine-Krankheit. Die Einzeller werden über die Eier übertragen. Befallene Raupen sterben, bevor sie sich verpuppen, bilden also auch keine Seide.

ENTDECKUNGEN

Auch wenn das Phänomen der Metamorphose schon seit Jahrtausenden bekannt ist, setzte seine systematische Erforschung erst in der frühen Neuzeit mit der wissenschaftlichen Auseinandersetzung mit der Natur ein. Eine wissensdurstige Frau spielte dabei eine führende Rolle: Maria Sibylla Merian (1647–1717). Ausgebildet von ihrem Stiefvater begann sie ihre Laufbahn als Blumenmalerin – wobei ihre perfekten Pflanzenbilder einen besonderen Reiz durch Schmetterlinge oder Käfer erhielten, die sie immer wieder einstreute. Ihnen galt später Merians eigentliches Interesse. Und es war die Seidenraupe, mit der sie ihre ersten Erfahrungen in der Schmetterlingszucht machte. Später sammelte sie gezielt Raupen in der Natur, um die Metamorphose zu beobachten und sich überraschen zu lassen, welcher Falter schlüpfte. Ihre Beobachtungen fasste sie in Büchern mit dem (abgekürzten) Titel „Der Raupen wunderbare Verwandelung und sonderbare Blumennahrung“ zusammen, in denen großformatige Abbildungen den gesamten Lebenszyklus der Falter illustrierten. Vielleicht ist es ihrer Vorgeschichte als Pflanzenmalerin geschuldet, dass die einzelnen Kapitel nicht mit dem Namen des Insekts betitelt sind, sondern mit der Bezeichnung seiner Nahrungspflanze. Ein (leicht gekürztes) Beispiel aus dem ersten der „Raupenbücher“, veröffentlicht im Jahr 1679:

Grosse Brennnessel. Urtica urens, major.
Nie Jemand hätte mich damals / als ich dergleichen öbere / schwarze Raupe bekam / zu glauben überredt / daß ein so gar schönes Sommer=vögelein aus einer solchen unformlichen Gestalt hervor kommen solte. Ich habs aber darnach erfahren / daß aus mancher unansehnlicher Raupe oft etwas gar schönes worden ist. Dergleichen ganz=schwartze Raupen findet man im Juny / in nicht geringer Menge / auf den grossen brennenden Nesseln; welche dieselbe so kahl abfressen / daß nichts / als die Stengel übrig bleiben ... Nachem aber diese Raupen genug gefressen / so begeben sie sich zu ihrer Verwandelung / und henken sich mit dem hintern Leib ganz fest an den innern Schachteldeckel / oder sonst an

— **Maria Sibylla Merian**

Ein kolorierter Stich aus dem Jahr 1683 aus dem zweiten Band der „Raupenbücher" der frühen Insektenforscherin zeigt unter der Überschrift „Schlehdorn Acaciae Germanicae flos" einen Segelfalter (*Iphiclides podalirius*) samt seiner an Schlehen lebenden verpuppungsreifen Raupe, sowie den Entwicklungszyklus einer Gespinstmotte, wohl der Pflaumen-Gespinstmotte (*Yponomeuta padella*), die ebenfalls an Schlehe vorkommt – allerdings erst lange nach der Blütezeit.

eine hülzerne Wand / halten den Kopf unterwarts; und verändern sich also innerhalb vier oder fünf Stunden in einen Dattelkern / welcher einem wunderlichen Kopf / oder Gesicht / ähnlich siht. Ihre Farb war röthlicht / der grosse Dattelkern aber an dem grünen Blat hangend / ganz gelblicht / der ander halb ausgeschloffene auch rötlicht. Aus diesem allen ist genugsam zu sehen / wie ein Sommer=vogel / wann er ausschliefft / beschaffen; denn er hat zu erst gar kleine Flügel / und ist heller an der Farbe; nach einer halben Stunde aber sind die Flügel steiff / in ihrer völligen Grösse und natürlichen Farb; also daß sie darvon fliegen können. Die Zeit / innerhalb welcher aus dem Dattelkern ein so schönes Vögelein worden / war sechszehen oder siebenzehen Täge; so ich nur das Pfau=vögelein zu nennen pflegte: Sintemalen es auf den innersten vier Flügeln vier / solcher Farbe / Augen hat / der Leib ist haarfarb / wie auch die auswendige Seiten eines jeden Flügels; ausser daß sie noch darzu viel schwartzer Streiffe und Düpfelein haben: Sie haben braune Aeugelein / die so hell und duchsichtig sind / wie Glas / und zwey braune Hörner / und die vier gelbe Füsse; das übrige der innwendigen Flügel ist schön dunkelroth.“

Vermutlich haben Sie in dem „Pfau=vögelein“ bereits das Tagpfauenauge (*Inachis io*) erkannt, einen unserer häufigsten Tagfalter, dessen Raupe sich von der Brennnessel ernährt (S. 111).

HYPERMETAMORPHOSE

Die ohnehin bereits komplizierte Metamorphose kann durch „Hypermetamorphose“ noch auf die Spitze getrieben werden. Bei dieser „Überverwandlung“ unterscheiden sich auch die Larvenformen noch sehr stark, wie zum Beispiel bei den Ölkäfern (Familie Meloidae). Die Ölkäfer der Gattung *Meloe* gehören zu den besonders auffälligen heimischen Insekten. Als Käfer sind sie auf den ersten Blick nicht unbedingt erkennbar. Volkstümlich laufen sie unter dem Namen „Maiwurm“. Die über drei Zentimeter langen, je nach Art violettblau oder blauschwarz glänzenden Weibchen haben einen grotesk aufgeschwollenen Hinterleib, auf dem winzige Deckflügel liegen. Im Frühjahr krabbeln sie mühsam durch sonnig-warme Grasvegetation. Der prall gefüllte Hinterleib enthält tausende von Eiern. Der Schwarzblaue Ölkäfer (*Meloe proscarabaeus*) scharrt im späten Frühjahr mehrere wenige Zentimeter tiefe Erdlöcher und befüllt sie im Wochenabstand mit jeweils bis zu 9500 millimetergroßen Eiern, bevor er sie wieder verschließt. Die orangeroten Larven schlüpfen erst im nächsten Frühjahr. Als sie erstmals beschrieben wurden, war nicht klar, dass es sich hier um Ölkäfer-Kinder handelte. Man benannte sie als eigene, selbstständige Gattung und gab ihnen nach den drei kräftigen Klauen an der Spitze der Füße – um genau zu sein: eine Klaue und zwei klauenartige Borsten – den Namen *Triungulinus* oder Dreiklauer. Die winzigen Dreiklauer erklettern Blüten und warten auf vorbeikommende Insekten. Diese werden geentert, wobei sich die Klauen als sehr nützlich erweisen. Mit ihnen halten sich die Käferlarven an den Haaren ihres Flugtaxis fest. Zusätzlich haben manche Arten Stachelreihen am Kopf, die sie in die weichen Häute zwischen den Panzerplatten bohren können. So gesichert treten sie ihre Flugreise an. Ihr Traumziel ist das Nest einer im Boden nistenden solitären Wildbiene, wie zum Beispiel einer Sandbiene (Gattung *Andrena*) oder einer Pelzbiene (Gattung *Anthophorina*). Haben sie als Flugzeug dagegen eine Honigbiene, eine Fliege oder irgendein anderes blütenbesuchendes Insekt gekapert: Pech gehabt, ihre Geschichte ist hier zu

— **Taxi! Taxi!**

Die erste Larvenform des Maiwurms ist der „Dreiklauer". Er muss eine vorbeikommende Wildbiene kapern, die ihn dann in ihr Nest mitnimmt.

Ende. Damit wird auch klar, warum die Ölkäfer dermaßen viele Eier legen: Nur wenige kommen durch. Das Risiko, schon an dieser ersten Herausforderung zu scheitern, ist enorm. Nur die wenigen Glücklichen unter den Dreiklauern landen mit einer Wildbiene in deren Nest, wo sie damit beschäftigt ist, Brutzellen mit Pollen und Nektar zu befüllen (S. 122). Bevor die Brutzellen verschlossen werden, wird jeweils ein Ei gelegt. Jede Zelle enthält genau die Nahrungsmenge, die eine Bienenlarve bis zur Verpuppung braucht.

Schleppt die Biene allerdings eine *Triungulinus*-Larve ein, war alle Liebesmüh vergeblich – falls es der Käferlarve gelingt, das Ei zu erreichen. Das ist die nächste Hürde, die viele Larven nicht nehmen und ausscheiden. Meistert die Larve dagegen auch diesen Schritt erfolgreich, frisst sie das Bienenei und häutet sich zu einer ganz anders aussehenden, madenartigen Larvenform. Anschließend macht sie sich über den Pollen-Nektar-Vorrat her. Drei Häutungen später verlässt sie die geplünderte Brutzelle und überwintert nach einer

— **Maiwurm**

Noch ungewöhnlicher als sein Aussehen ist der Lebenslauf des Schwarzblauen Ölkäfers (*Meloe proscarabaeus*), dessen Larven bei Wildbienen parasitieren und eine Hypermetamorphose durchlaufen.

weiteren Häutung als bewegungslose „Scheinpuppe" – eine weitere Larvenform – im umgebenden Erdreich. Aus dieser schlüpft ein viertes, jetzt wieder bewegliches Larvenstadium, das sich später verpuppt. Die Imagines erscheinen dann im frühen Frühjahr. Sie ernähren sich vegetarisch. Vor allem die Weibchen müssen jetzt ordentlich fressen, um die enorme Menge an Eiern bilden zu können.

ERFOLGSREZEPT VOLLSTÄNDIGE VERWANDLUNG

Angesichts solcher verwickelter Entwicklungswege fragt man sich schon: Warum so kompliziert, wenn's auch einfach geht? Warum eine vollständige, holometabole Verwandlung mit Puppenstadium, statt sich einfach hemimetabol von Häutung zu Häutung schrittweise zum erwachsenen Insekt zu wandeln? Die hemimetabole Entwicklung ist auf jeden Fall die ursprüngliche. Ob Krebs, Spinne, Skorpion oder Tausendfüßer: So wachsen alle Gliederfüßer heran. Die holometabole Entwicklung ist erst später entstanden, als evolutionäre Innovation innerhalb der Insekten. Molekularbiologische Daten zeigen, dass die Entwicklung des Puppenstadiums eine einmalige „Erfindung" war und nicht mehrmals unabhängig voneinander geschah. Das heißt: Alle holometabolen Insekten, auch wenn sie heute so verschieden aussehen wie Fliege, Biene, Käfer oder Schmetterling, gehen auf einen gemeinsamen Vorfahren zurück. Wann dieser gelebt hat? Die ältesten Fossilien holometaboler Insekten stammen aus der späten Karbonzeit und sind ungefähr 310 Millionen Jahre alt. Darunter sind schon solche, die Richtung Käfer oder Richtung Hautflügler tendieren. Das heißt: Der gemeinsame Vorfahr muss noch einige Jahrmillionen früher unterwegs gewesen sein, nach molekularen Daten möglicherweise schon vor 390 Millionen Jahren.

Fakt ist jedenfalls, dass mit den Käfern, den Hautflüglern, den Schmetterlingen und den Zweiflüglern die vier absolut erfolgreichsten Insektengruppen zu den Holometabola gehören, wenn man, was sicher nicht ganz unberechtigt ist, die Artenzahl als Erfolgsmaßstab heranzieht. 85 % aller Insektenarten (und damit 60 % aller Tierarten) sind holometabol!

Was macht die Holometabolen so erfolgreich? Der wichtigste Grund liegt wohl darin, dass Larven und Imagines völlig unterschiedliche ökologische Nischen innehaben. Eine junge Hainschwebfliege (*Episyrphus balteatus*) kriecht als Made (S. 110) durch die Vegetation und erbeutet Blattläuse, während die Imagines im Luftraum und auf Blüten unterwegs sind, wo sie Pollen und Nektar fressen (S. 194). Jung und Alt machen sich keine Konkurrenz. In einer Welt der begrenzten Ressourcen ist das ein gewaltiger Vorteil. Ganz anders sieht das bei den Hemimetabolen aus, zum Beispiel bei der Gottesanbeterin (*Mantis religiosa,* S. 144): Sie ist von Kindesbeinen an auf der Jagd. Larven und Imagines machen sich gegenseitig Konkurrenz, und wenn die kleineren nicht aufpassen, landen sie im Magen einer größeren. Das müssen pflanzenfressende Heuschrecken zwar nicht befürchten, aber auch bei ihnen konkurrieren alle Altersstadien im selben Lebensraum um dieselbe Nahrung. Allerdings kann man sich auch bei einer hemimetabolen Entwicklung aus dem Weg gehen. Das gelingt zum Beispiel den Libellen. Sie sind zwar zeitlebens räuberisch. Die Larven stellen ihrer Beute aber unter Wasser nach, während die Imagines den Luftraum unsicher machen.

Ein weiterer Punkt: Die Larven der Holometabolen können sich mit ihren mehr oder weniger wurmförmigen Körpern auch in Lebensräumen bewegen, die für die Hemimetabolen mit ihren sperrigen Beinen weniger leicht zugänglich sind. Zum Beispiel im Boden, wo vor allem die Maden von Zweiflüglern als Recycler arbeiten oder wie auch viele Käferlarven als Jäger unterwegs sind. Und schließlich ist auch die Häutung bei vielen Holometabolen einfacher. Während die hemimetabole Heuschrecke ihren alten Panzer von innen her auflösen muss, um ihm anschließend bis zur letzten Fühler- und Fußspitze umständlich zu entsteigen, ist die Häutung einer Fliegenmade mit ihrer dünnen, kaum sklerotisierten Cuticula gänzlich undramatisch.

— **Bis zur Fühlerspitze**

Häutung ist bei hemimetabolen Insekten eine aufwendige Angelegenheit – hier vorgeführt von der Zwitscherschrecke (*Tettigonia cantans*).

ELTERLICHE FÜRSORGE

Das Leben eines Insekts beginnt gewöhnlich im Ei. Das wird normalerweise an einer zumindest für die ersten Lebenstage förderlichen Stelle abgelegt. Schließlich hat die Mutter das größte Interesse daran, dass es dem Nachwuchs gut geht, selbst wenn sie sich – was unter Insekten der Normalfall ist – nicht weiter um ihn kümmern kann. In der nächsten Generation steckt schließlich ihr wichtigstes Vermächtnis: ihre eigenen Gene, die sie an die Zukunft weitergeben will. Deshalb sorgt sie für einen möglichst guten Start. Die Libelle legt die Eier also ebenso wie die Eintagsfliege im Wasser ab. Tagpfauenauge (*Inachis io*) und Kleiner Fuchs (*Aglais urticae*), zwei unserer auffälligsten Tagfalter, steuern Brennnesseln an, die Leibspeise ihrer Raupen (S. 111). Die „Mistbiene" (S. 58) umschwirrt ein Wasserloch, eine Jauchegrube oder auch mal einen Kadaver. Die Hainschwebfliege (*Episyrphus balteatus*) sucht Pflanze um Pflanze ab, bis sie auf eine Kolonie von Blattläusen stößt, um dort ihr Ei zu platzieren – eine willkommene Beute für die wenig später schlüpfenden Larven.

Noch besser ist der Service vieler Hautflügler. Sie hinterlassen ihrem Nachwuchs gut gefüllte Speisekammern. Wenn Sie ein „Insektenhotel" mit Brutröhren für Wildbienen im Garten betreiben, können Sie

— Vorsorglich

Das Landkärtchen (*Araschnia levana*) klebt seine Eier in kleinen Türmchen an die Unterseite von Blättern der Nahrungspflanzen der Raupen, Brennnessel oder Klettenkerbel.

das direkt beobachten. Nehmen wir als Beispiel die Rote Mauerbiene (*Osmia bicornis*), die solche Nisthilfen gerne annimmt. An den ersten warmen Frühlingstagen sprengen die schlüpfenden Mauerbienen den Deckel der engen Röhren, in denen sie sich über Monate vom Ei bis zur Imago entwickelt haben. Kurze Zeit später quetschen sie sich schon wieder hinein, dieses Mal mit Pollen beladen, den sie dort mit Nektar gemischt deponieren. Das macht die Biene mehrmals und in immer gleicher Abfolge: Zuerst verschwindet sie Kopf voran in der Brutröhre und erbricht drinnen den im Kropf transportierten Nektar. Dann erscheint sie wieder am Ausgang und schiebt sich jetzt rückwärts in die Röhre, um dort den am Bauch gesammelten Blütenstaub abzuladen. Das macht sie so lange, bis der Vorrat für ein Kind reicht. Jetzt flugs ein Ei darauf und dann, mit etwas Zwischenraum, der das Wachstum der Larve schon berücksichtigt, eine Wand aus Lehm eingezogen. Das wiederholt sich, bis die Röhre voll ist mit mehreren hintereinander liegenden Brutzellen. Dann wird sie mit Lehm versiegelt. Fleißige Mauerbienen füllen in ihrer kurzen Lebensspanne von wenigen Wochen mehrere Brutröhren mit solchen Kinderstuben. Ihren Nachwuchs wissen sie darin gut versorgt, auch wenn sie ihn nie zu Gesicht bekommen werden. Er schlüpft erst im darauffolgenden Frühjahr.

Ähnlich, wenn auch deutlich martialischer, geht es bei den Grab- und den Wegwespen zu, ebenfalls Hautflügler und somit weitläufig verwandt. Sie bestücken ihre Speisekammern nicht mit Pollen und Nektar, sondern mit Jagdwild. Die Wegwespen erbeuten Spinnen, die Grabwespen überwiegend Insekten. Jede Art hat dabei ein spezifisches Beutespektrum. Der Stahlblaue Grillenjäger (*Isodontia mexicana*) lagert zum Beispiel Heuschrecken ein, die Gemeine Sandwespe (*Ammophila sabulosa*) schleppt kleine Schmetterlingsraupen, vorzugsweise von Eulenfaltern, in ihr Nest im Sandboden. Die Beute wird überwältigt und anschließend gelähmt, aber nicht getötet. Höchst beeindruckend ist, mit welcher Präzision Grabwespen dies bewerkstelligen. Gezielte Stiche in ganz bestimmte Nervenknoten machen die Beute bewegungsunfähig, ohne irgendwelche anderen Lebensfunktionen zu beeinträchtigen. So verwest das Opfer nicht, sondern hält sich frisch.

— Speisekammer vegetarisch

Rückwärts manövriert sich die Rote Mauerbiene (*Osmia bicornis*) in ihre Brutröhre, um dort den am Bauch gesammelten Pollen zu deponieren.

— Serielle Kinderzimmer

Wie im Schlaraffenland: Die Kinderzimmer der Roten Mauerbiene (*Osmia bicornis*) sind mit einem nahrhaften Pollen-Nektar-Gemisch gefüllt. Der Vorrat reicht bis zur Verpuppung der Larven.

Gut versorgte Waisen: Das ist der Normalfall bei Insekten. Weitergehende Brutpflege ist selten. Besonders bekannt dafür sind die sozialen Insekten, bei denen das staatlich organisiert ist (S. 126). Nur ausnahmsweise gibt es auch Kleinfamilien, die sich intensiv um ihren Nachwuchs kümmern. Ein besonders beeindruckendes Beispiel: der Totengräber (*Nicrophorus*). Die markant schwarz-orange gezeichneten

— **Speisekammer animalisch**

Die zu den Grabwespen gehörende Kotwespe (*Mellinus arvensis*) füllt ihre unterirdischen Brutkammern – der Eingang ist auf dem Bild zu sehen – mit Fliegen, die sie vorher mit einem Stich betäubt hat. Um die sechs Fliegen pro Kind sind vorgesehen. Weil Fliegen auf Exkremente fliegen, jagt die Kotwespe dort bevorzugt, daher ihr Name.

Käfer sind wichtige Entsorger. Verendet irgendwo eine Maus, eine Eidechse, eine Kröte oder ein kleiner Vogel, finden sie sich ein, um sie zu beerdigen. Die Konkurrenz ist allerdings groß, Schmeißfliegen sind ebenso schnell zur Stelle, um hier ihre Eier abzulegen. Vor ihnen und anderen Aasliebhabern bringen die Totengräber ihren Fund in Sicherheit, indem sie ihn vergraben. Beeindruckt über die Geschwindigkeit, in der das geschieht, beschreibt der Insektenforscher Jean-Henri Fabre (S. 41, 68) die Bestattung eines Maulwurfs: „Vier Totengräber, drei Männchen und ein Weibchen, machen sich gleich daran. Sie verstecken sich unter dem Stück, das von Zeit zu Zeit lebendig zu werden scheint, wenn die Arbeiter mit ihrem Rücken es von unten leicht anheben und erzittern lassen. ... Das Beben wird stärker; der Kadaver schwankt und wankt, während ein Wulst aus Erde ringsum angehäuft wird. Durch sein eigenes Gewicht und die Anstrengungen der geschäftigen Bestatter sinkt der Maulwurf allmählich in die Tiefe, der ausgehöhlte Boden bietet ihm keinen Halt. Bald setzt sich der nach außen geräumte Sand durch Stöße der unsichtbaren Erdarbeiter in Bewegung, rutscht in den Abgrund und bedeckt das begrabene Tier. Es ist ein heimliches Begräbnis. Der Kadaver verschwindet dem Anschein nach von selbst. ... In dem Maß, wie die Totengräber den Hohlraum vertiefen, in den der Kadaver, an dem kräftig gerüttelt und gezogen wird, hinabsinkt, schließt sich das Grab selbst durch Nachrutschen der gelockerten Erde ohne Eingreifen der Bestatter. Gute Schaufeln am Ende der Beine, kräftige Rücken, die ein kleines Erdbeben auslösen können, mehr braucht es nicht für diese Arbeit. Fügen wir hier noch den wichtigen Punkt der Kunstfertigkeit hinzu, den Toten mit zahlreichen Stößen auf ein kleineres Volumen zusammenzupressen und ihn so auch durch schwierige Engpässe auf den Grund des Grabes manövrieren zu können. Wir werden bald sehen, dass diese Kunst eine besondere Rolle bei der Arbeit der Nekrophoren spielt." Das Ergebnis exhumiert Fabre ein paar Tage später, wobei er seinen Ekel nicht ganz unterdrücken kann: „Der Maulwurf ist kein Maulwurf mehr, sondern eine grünliche Abscheulichkeit, ekelhaft, enthaart und geschrumpft. ... Das Ding ruht in einer kräftigen Gruft mit festen Wänden, einer richtigen Werkstatt. ... Bis auf den in Flocken verstreuten Pelz ist das Stück intakt. Die Totengräber haben es nicht angeschnitten. Es ist das Erbe der Kinder und nicht der Vorrat der Eltern...". Letztere halten das Aas frisch (soweit man das in diesem Fall so bezeichnen kann), indem sie zum Beispiel Schimmelbefall bekämpfen, und sie verteidigen das begrabene Tier falls nötig gegen Aasräuber. Ganz gelingt das nicht, denn einige davon schleppen sie regelmäßig selbst ein: Die meisten Totengräber sind regelrecht übersät von winzigen orangefarbenen Milben der Gattung *Poecilochirus*. Diese entwickeln sich ebenfalls in Aas, sind aber wenig mobil und benutzen deshalb die Käfer als Taxi zwischen Nahrungsquellen. Sie danken ihren unfreiwilligen Chauffeuren diesen Dienst gelegentlich schlecht, indem sie auch junge Käferlarven angreifen. Aus dem Aas formen Käfer nach der Beerdigung eine kugelförmige Masse, die sie oben mit einem Trichter versehen. Vermutlich helfen sie dort der Zersetzung nach, indem sie Verdauungssäfte abgeben. Aus in der Wand einer kleinen Seitenhöhle der „Werkstatt" abgelegten Eiern schlüpfen Larven. Für sie ist die Nahrung bestimmt. Sie können sich selbst bedienen, viel lieber aber betteln sie Vater und Mutter an und lassen sich mit vorverdautem und wieder hervorgewürgtem

— **Elterliche Fürsorge**

Dass sich die Eltern direkt um ihren Nachwuchs kümmern, ist bei den kurzlebigen Insekten eher ungewöhnlich. Die Totengräber (*Nicrophorus*) sind eine Ausnahme. Sie versorgen und pflegen ihre Larven hingebungsvoll.

— **Arbeitsteilung im Kollektiv**

Bei sozialen Insekten wie den Hornissen (*Vespa crabro*) kümmern sich Weibchen, die selbst kinderlos bleiben, um die Aufzucht der Brut. Eier legt im Hornissenstaat allein die Königin.

— **Auf der Jagd**

Hornisse im Anflug – das ist oft das letzte Bild im Leben eines Insekts. Im Spätsommer und Herbst haben die Staaten der Hornissen ihre maximale Kopfstärke erreicht. Entsprechend groß ist der Nahrungsbedarf.

Futter versorgen. Das ist keine reine Faulheit, sondern gut für sie: Sie entwickeln sich erheblich besser, wenn sie mit diesem Babybrei gefüttert werden, und ihre Überlebenschancen steigen deutlich. Zur besseren Orientierung im Dunkeln dienen neben dem Geruch zirpende Laute, die die Eltern erzeugen, indem sie eine scharfe Kante am Ende der etwas verkürzten Deckflügel gegen Querriefen auf der Oberseite des Hinterleibs reiben. Wenigstens zehn Tage dauert dieses Familienleben in der Gruft, bei kühlem Wetter und entsprechend langsamerer Entwicklung der Larven aber auch bis über vier Wochen.

Vater, Mutter, Kinder – das ist das Familienmodell der Totengräber. Ganz anders die sozialen Insekten. Ameisen und Termiten sowie manche Bienen und Wespen leben in straff organisierten Staaten mit weiblicher Regierung und oft Hunderten, Tausenden oder gar Millionen von Bürgerinnen und Bürgern, die unterschiedlichen, streng definierten Arbeiten nachgehen und so das gesamte Staatswesen am Laufen halten. Fortpflanzungsfähig sind nur ein oder wenige Weibchen, die Königinnen. Sie legen Eier – bei der Honigbiene bis zu 2000 am Tag, bei manchen Termiten bis zu 30 000, die von professionellen Kinderpflegerinnen bemuttert werden. Manche dieser Insektenstaaten bestehen nur einen Sommer, die der heimischen Hummeln oder Wespen zum Beispiel. Wenn im Frühjahr besonders große Hornissen (*Vespa crabro*) brummend alle möglichen Hohlräume inspizieren, sind das Königinnen, die an einer günstigen Stelle überwintert haben und nun einen Platz für ihr Nest suchen. Die ersten Waben muss die Königin noch selbst bauen, und auch die ersten Larven zieht sie persönlich groß. Dann konzentriert sie sich aufs Eierlegen, während im Verlauf des Sommers eine steigende Zahl von Arbeiterinnen die Brut versorgt. Ständig sind sie damit beschäftigt, Beute zu machen, Futter heranzuschaffen, das aus zerkauten Holzfasern bestehende bräunliche Papiernest zu vergrößern und es notfalls zu verteidigen. Im Spätherbst aber kommt das ganze Treiben zum Erliegen. Die Arbeiterinnen sterben, die letzte Brut wird kaum noch versorgt, viele Larven verenden in den Waben, das Nest verwaist. Nur die ab Hochsommer produzierten neuen Königinnen überwintern. Sie müssen im nächsten Jahr wieder bei Null anfangen. Im Gegensatz dazu überwintern Honigbienen als ganzer Staat, und auch die Staaten der Ameisen und Termiten bestehen über Jahre oder gar Jahrzehnte.

— **Monumente**

Die Staaten vieler Ameisen und Termiten bestehen über lange Zeit, nach außen hin erkennbar an ihren riesigen Wohnanlagen. Besonders beeindruckend sind die Lehmschlösser mancher Termitenarten, die hoch aufragen und tief in den Untergrund gehen. Ein ausgeklügeltes Belüftungssystem sorgt für ein angenehmes Wohnklima, auch wenn draußen die Sonne brennt.

SEX

Das Ziel des Lebens

Das sprengt alle Fantasien: Unglaublich, was Insekten alles veranstalten, um sich gegen Konkurrenz durchzusetzen und den eigenen Genen zum Erfolg zu verhelfen!

— **Innig verbunden**

Wenn Paarungen stundenlang dauern, steckt dahinter meist männliches Kalkül: Je länger die Kopulation, desto größer die Chance auf Vaterschaft. Pappelschwärmer (*Laothoe populi*).

LET'S TALK ABOUT SEX

Im Prinzip ist die Sache ganz einfach: Um Nachwuchs zu bekommen, müssen Männchen und Weibchen zueinanderfinden und sich paaren. Dabei werden Spermien übertragen und Eizellen befruchtet – der Start in ein neues Leben mit einem neu kombinierten Erbgut, je zur Hälfte von der Mutter und vom Vater stammend. Aber wie so oft ist die Realität komplizierter. Männchen und Weibchen brauchen einander, um sich fortzupflanzen. Gleichzeitig verfolgen beide Geschlechter aber eine jeweils eigene Agenda, die in ihrem geschlechterspezifischen Dilemma wurzelt. Das Dilemma der Weibchen: Die Zahl ihrer Eier ist begrenzt und jedes Ei ist teuer in der Herstellung. Außer der eigentlichen Eizelle enthält das Ei nährstoffreiche Dotterzellen, die den wachsenden Embryo vor dem Schlüpfen ernähren. Die Investition des Weibchens in den Nachwuchs ist damit ungleich größer als die der Männchen. Spermien sind, verglichen mit Eiern, billige Massenprodukte. Ausgestattet mit wenig mehr als einem Zellkern, der die wesentlichen Informationen enthält, kann das Männchen sie millionenfach herstellen, ohne sich besonders zu verausgaben. Männchen können sich mit sehr vielen Weibchen paaren und auf diese Art ihren Fortpflanzungserfolg theoretisch enorm steigern. In der Praxis funktioniert das nicht unbedingt, denn auch die Männer stehen vor einem Dilemma, wenn auch einem ganz anderen als die Frauen. Die alten Römer haben es prägnant auf den Punkt gebracht: „pater semper incertus" (der Vater ist immer unsicher). Während Weibchen keine Zweifel zu haben brauchen, dass sie mit ihrem Nachwuchs auch ihre eigenen Gene weitergeben, gilt das für Männchen nicht. Aus vielen genetischen Studien von der Blaumeise bis zum Menschen wissen wir, dass die Sorge der Männchen, nicht der genetische Vater der Kinder zu sein, die sie mit ihrer Partnerin großziehen, durchaus berechtigt ist. Die Zahl der aus Seitensprüngen hervorgegangenen „Kuckuckskinder" ist bei Mensch und Tier oft erstaunlich groß. Für die betroffenen Männchen ist das eine Katastrophe, denn sie verfehlen damit das wichtigste Ziel des Lebens: Die Weitergabe der eigenen Gene an die nächste Generation.

Viele männliche Strategien zielen deshalb darauf, die Weibchen zu kontrollieren und von Paarungen

— **Paarung**

Coitus a tergo – für viele Insekten wie für die Melierte Schneckenfliege (*Coremacera marginata*) die bevorzugte Paarungsstellung.

mit anderen Männchen unbedingt abzuhalten. Das wiederum gefällt manchen Weibchen nicht. Wir können davon ausgehen, dass emotionale Bindungen in der Welt der Insekten keine Rolle spielen. Liebe und Leidenschaft verkomplizieren nur unsere eigenen Beziehungen. Trotzdem haben auch Insekten-Weibchen ein Interesse daran, sich nicht mit irgendeinem x-beliebigen Männchen zu paaren. Sie wollen ihre wertvollen Ressourcen nicht verschleudern, sondern ihr eigenes Erbgut mit qualitativ möglichst hochwertigen männlichen Genen kombinieren. Denn die biologische „Fitness", die Überlebens- und Fortpflanzungsfähigkeit des Nachwuchses, hängt vom Gesamtpaket ab.

Die Weibchen sind deshalb wählerisch. Bei der Partnerwahl achten sie auf Merkmale, die die genetische Qualität eines Männchens äußerlich sichtbar machen. Wer es sich zum Beispiel leisten kann, einen üppigen, aber letztlich nutzlosen und sogar hinderlichen Schwanz wie der Pfauenhahn auszubilden, muss – so das Kalkül – über gute Ressourcen und Überlebensfä-

higkeiten verfügen. Die Weibchen werten solche Attribute als ehrliche Ausweise genetischer Qualität und wählen entsprechend. Damit üben sie einen enormen Druck auf die Männchen aus. Letztlich sind sie über ihre gezielte Auslese („sexuelle Selektion") hauptverantwortlich dafür, dass solche Merkmale über viele Generationen immer stärker ausgebildet werden. An Grenzen stößt diese Entwicklung, wenn die Handicaps durch solche über weibliche Vorlieben regelrecht herangezüchteten Merkmale überwiegen. Die Investitionen für die Männchen könnten zu groß werden und ihre Überlebensfähigkeit leiden, wenn sie dadurch Feinden leichter zum Opfer fallen („natürliche Selektion").

So sind beide Geschlechter auf Gedeih und Verderb zur Kooperation gezwungen. Gemeinsam ist ihnen das Interesse, möglichst viele der eigenen Gene in die nächste Generation zu übertragen. Gleichzeitig versuchen sie, ihren eigenen, individuellen Erfolg zu optimieren.

Dieser kleine Theorievorspann hilft, die zum Teil ziemlich abgefahrenen Sexpraktiken mancher Insektenarten besser zu verstehen. Um Missverständnissen vorzubeugen: Zwar gelten diese biologischen Grundprinzipien prinzipiell auch für den Menschen, schließlich sind auch wir ein Produkt der Evolution. Aber: Als durch Biologie *und* Kultur geprägte, in komplexen Gesellschaften organisierte Individuen definieren wir unseren „Lebenserfolg" natürlich anders als einzig durch die Weitergabe der eigenen Gene.

Eine der großen Herausforderungen des Lebens: Wie finde ich den richtigen Partner, die ideale Partnerin?

DATING

Für uns sehen alle Stubenfliegen gleich aus. Das täuscht. Auch Fliegen sind Individuen mit unterschiedlichen Kombinationen von Genvarianten und mit unterschiedlichen Lebensgeschichten. Manche strotzen vor Kraft, weil sie gut versorgt in einem angenehm temperierten Misthaufen herangewachsen sind. Andere sind Hungerhaken, die es als Larve gerade so geschafft haben, die nötigen Reserven für die Verpuppung zusammenzukratzen. Aber vielleicht sind sie als Imagines geschickter im Aufspüren von Nahrungsquellen oder schneller bei der Flucht? Wie, könnte sich das Fliegenweibchen fragen, finde ich hier den Bewerber heraus, der mir das optimale Erbgut liefert?

Praktisch ist es, wenn die Männer selbst eine Vorauswahl treffen, so wie bei den Hirschkäfern (*Lucanus cervus*). Hier treffen sich Männchen und Weibchen an alten Laubbäumen, bevorzugt an blutenden Eichen. Vom Duft angezogen, steuern die Käfer gezielt solche Stellen an. Die austretenden Baumsäfte enthalten Kohlenhydrate und sind deshalb beliebte Nahrungsquellen für viele Insekten; auch die Hirschkäfer lecken die nahrhaften Säfte ab. Die Weibchen können solche Saftflüsse noch erweitern. Dazu bearbeiten sie die Rinde mit ihren kräftigen Kiefern (Mandibeln, S. 38). Das können die Männchen nicht, denn ihre Mandibeln sind nicht zum Beißen gemacht. Sie sind zu riesigen Geweihen geworden. Damit treten die Käfer gegeneinander an und versuchen, Konkurrenten auszuhebeln und vom Baum zu werfen. Dabei kann es ziemlich zur Sache gehen; die Panzer der Käfer halten dem Druck der gewaltigen Kieferzangen nicht immer stand. Größe spielt eine Rolle – die mächtigsten Männchen messen fast neun Zentimeter – aber auch Strategie und Geschicklichkeit (und wie immer in solchen Fällen, auch ein Quäntchen Glück). Sieger im Kampf stellen sich längs über das um einiges kleinere Weibchen und reklamieren es dadurch für sich. So können sie sich tagelang an der Nahrung spendenden Leckstelle aufhalten, die vom Männchen ebenso verteidigt wird wie das Weibchen. Auf diese Weise bekommt das Weibchen, was es will: ein durchsetzungskräftiges Männchen. Und das Männchen hält Konkurrenten fern, die seine Vaterschaft gefährden könnten. Lange dauert diese Partnerschaft nicht. Hirschkäfer leben fünf (bis acht) Jahre als Larve, als Imago dagegen höchstens ein paar Wochen. Nach der ein- oder mehrmaligen Ablage von jeweils kaum einem Dutzend Eiern ist ihr Lebenszweck erfüllt.

Wenn sich bei den Hirschkäfern im Kampf und in der Gunst der Weibchen überwiegend die Männchen mit den kräftigsten Geweihen durchsetzen, fragt man sich, warum sich die weniger üppig ausgestatteten Ex-

— Kampf

Wenn sich Hirschkäfer (*Lucanus cervus*) streiten, geht es richtig zur Sache. Wer gewinnt, hat die besten Chancen bei den Weibchen.

emplare überhaupt in die Manege begeben. Die Antwort ist einfach: Die Hoffnung stirbt zuletzt. Immerhin sind dort die Weibchen – was nützt es, sich einsam im Wald an eine Eiche zu setzen und sein Schicksal zu betrauern? Und wer weiß: Vielleicht lächelt das Glück, wenn die kapitalen Platzhirsche mit Kämpfen oder der Bewachung eines Weibchens beschäftigt sind? Denn es kann durchaus auch ins Kalkül der Weibchen passen, sich notfalls mit einem etwas weniger gut bestücktem Männchen zufrieden zu geben. Das ist immer noch besser, als ganz ohne Partner zu bleiben, sich nicht zu paaren und ins Grab zu sinken, ohne die eigenen Gene weitergegeben zu haben.

Bei den überwiegend tropischen Stielaugenfliegen (Diopsidae) treibt die sexuelle Selektion noch seltsamere Blüten, denn ihre Kämpfe werden nicht wie bei den Hirschkäfern im ritterlichen Duell ausgefochten. Hier entscheidet der Augenabstand der Männchen über ihre Beliebtheit beim weiblichen Geschlecht. Die Spannweite der Kopffortsätze, an deren Ende die Facettenaugen sitzen, kann bis zu einem Zentimeter betragen, und das bei einer Körpergröße zwischen (je nach Art) vier und zwölf Millimetern. Auch Weibchen haben Stielaugen, allerdings viel kleinere. Die Augenstiele entfalten sich direkt nach dem Schlüpfen aus der Puppe. Solange sie nicht ausgehärtet sind, kann Luft durch die Mundhöhle aufgenommen und durch spezielle Luftleitungen im Kopf Richtung Spitze gepumpt werden, um die Stiele möglichst zu verlängern. Tagsüber verteidigen die Männchen kleine Reviere gegen andere, zum Übernachten sammeln sie sich in Gruppen. Dort kommt es am nächsten Morgen auch zu den meisten Paarungen, denen ritualisierte Auseinandersetzungen zwischen den Männchen vorangehen. Dabei stehen sich die Rivalen gegenüber und vergleichen die Spannweite ihrer Augenstiele. Je größer die ist, desto dominanter tritt das Männchen auf und desto beliebter ist es bei den Weibchen – und tatsächlich wurde experimentell nachgewiesen, dass das Merkmal ein zuverlässiger Anzeiger für „gute Gene" ist.

Aber zunächst noch mal einen Schritt zurück: Bevor man sich paaren kann, muss man sich zuerst mal treffen. Dabei spielt der Zufall natürlich eine gewisse Rolle, man ist im selben Lebensraum unterwegs, man steuert dieselben Nahrungsquellen an – da ist es fast zwangsläufig, dass man sich früher oder später über den Weg läuft oder fliegt, jedenfalls bei häufigen Arten. Man kann dem Zufall aber auch nachhelfen und strategischer vorgehen. Manche Insekten wie Schwebfliegen oder Schmetterlingshafte kontrollieren zum Beispiel im Schwirrflug den Luftraum und prüfen alle vorbeikommenden Flugobjekte in der Hoffnung auf ein passendes Weibchen. Andere gehen dorthin, wo alle hingehen. Wie in der Disco erhöht das die Chance, Gleichgesinnte zu treffen. Neben ergiebigen Nahrungsquellen sind exponierte Treffpunkte besonders beliebt, häufig ist Gipfel- oder wenigstens Wipfelbalz (im Fachjargon hilltopping bzw. treetopping). Die besten Chancen, einen der prächtigen Schwalbenschwanz-Schmetterlinge (*Papilio machaon*) zu sehen, hat man auf Berggipfeln, wo sie stundenlang Kreise ziehen, bis Partnerinnen gefunden sind. Mücken können in gan-

— **Mate guarding**

Auch nach der Kopulation bewacht der männliche Hirschkäfer den weiblichen, um weitere Paarungen mit anderen Männchen zu verhindern.

— **Treffpunkte**

Wer einen Partner oder eine Partnerin will, muss wissen, wo er suchen muss. Hirschkäfer treffen sich bevorzugt dort, wo alte Eichen „bluten", also aus Verletzungen Baumsaft austritt.

zen Wolken wie dunkle Fahnen im Windschatten von Baumwipfeln stehen. Und an lauen Frühsommerabenden versetzen manchen die Brach- oder Junikäfer (*Amphimallon solstitiale*) in Panik, die statt eines Baumes gerne auch mal den Kopf eines Menschen ansteuern und laut brummend zum Landeanflug ansetzen.

Ziemlich erfolgversprechend ist auch, Plätze aufzusuchen, die Nahrung bieten. Für den Hirschkäfer ist es der Duft der blutenden Eiche, der Männchen wie Weibchen anlockt. Überreife Früchte ziehen Essigfliegen an, wie wahrscheinlich alle wissen, die ihre Obstschale im Sommer schon mal ein paar Tage sich selbst überlassen haben. Manche Insekten nutzen die Attraktivität von Nahrungsplätzen gerne etwas exklusiver und vertreiben Konkurrenten. In insektenfreundlichen Gärten fliegen im Sommer Männchen der Schwebfliegengattung *Eristalis* von Blüte zu Blüte und checken, ob irgendwo ein Weibchen sitzt. Männchen werden angerempelt und nach Möglichkeit vertrieben, Weibchen festgehalten. Ein noch ausgeprägteres Revierverhalten zeigt die auf den ersten Blick eher einer Wespe ähnelnde Garten-Wollbiene (*Anthidium manicatum*). Die sehr flugtüchtigen, blitzschnellen Männchen verteidigen ein paar Quadratmeter im Blumenbeet konsequent gegen Konkurrenten, vertreiben aber auch artfremde Insekten, die mit dem bedornten Hinterleib gerammt und sogar verletzt werden können. Das Ziel ist der exklusive Zugang zu Weibchen, die zur Nahrungssuche kommen.

Gefragte Treffpunkte sind auch Stellen, an denen sich die nächste Generation gut entwickeln und nach einer Paarung gleich die Eiablage folgen kann. Die „Mistbiene" (S. 58) schwirrt um Jauchegruben. Schwebfliegen, deren Larven sich in Schleimflüssen

— Ritualisiert

Auseinandersetzungen müssen nicht mit roher Gewalt ausgetragen werden. Es gibt subtilere Möglichkeiten, Statements zu setzen und seine Chancen auszuloten. Stielaugenfliegen-Männchen (Diopsidae) machen das über die Spannweite der Augen.

von Bäumen entwickeln, treffen dort zuverlässig auf ihresgleichen. Prachtlibellen-Männchen (*Calopteryx*, S. 139) besetzen Reviere entlang von Wasserläufen, wohl wissend, dass sich hier früher oder später auch Weibchen einstellen werden. Besonders beliebt sind über das Wasser hängende besonnte Blätter. Tauchen andere Männchen im Luftraum auf, versuchen sie diese zunächst durch Flügelspreizen abzuschrecken. Hilft das nichts, lassen Drohflüge die Rivalen meist abdrehen. Ganz anders die Reaktion, wenn ein Weibchen erscheint. Ihm fliegt das Männchen entgegen und versucht, es mit einem charakteristischen Schwirrflug, bei dem der Hinterleib angehoben wird, zu einer guten Eiablage-Stelle zu eskortieren. Folgt das Weibchen, kommt es wenig später zur Kopulation und anschließend gleich zur Eiablage in Stängeln von Wasserpflanzen. Männchen, die das Weibchen dabei stören könnten, werden vom Revierinhaber vertrieben.

Eine weitere erfolgversprechende Strategie: Statt sich der direkten Konkurrenz mit anderen zu stellen, kann man ja einfach eine Annonce aufgeben, in der man seine Absichten eindeutig kundtut. Wer interessiert ist, kann dann gezielt Kontakt aufnehmen. Unter Insekten ist das weit verbreitet. Heuschrecken und Zikaden machen das mit Musik (S. 41), Leuchtkäfer mit Lichtsignalen (S. 140), die heimischen Glühwürmchen zum Beispiel (ein irreführender Name für einen Käfer). Ihre flugunfähigen Weibchen knipsen in der Abenddämmerung für etwa drei Stunden das Licht an. Der grünliche Schein signalisiert vorbeifliegenden Männchen eine potenzielle Partnerin. Um den Adressatenkreis zu vergrößern, klettern die Weibchen auf Grashalme und recken den Hinterleib nach oben (die Leuchtorgane befinden sich auf der Unterseite). Ältere, noch unbegattete Weibchen steigern ihre Attraktivität noch, indem sie mit dem Hinterleib einladend winken. Landet ein Männchen, wird das Licht ausgeschaltet und nach kurzem gegenseitigen Kennenlernen kopuliert. Damit gleich klar ist, ob hier ein Großes (*Lampyris noctiluca*) oder ein Kleines Johan-

— Hill topping

Wenn sich Schwalbenschwänze (*Papilio machaon*) mit ihresgleichen treffen wollen, suchen sie gezielt Gipfel von Hügeln oder Bergen auf.

Reviere I

Attraktive Nahrungsgründe für sich reklamieren und potenzielle Konkurrenten fernhalten – damit verbessern Insekten wie die Garten-Wollbiene (*Anthidium manicatum*) ihre Paarungschancen.

— Reviere II

Männchen der Gebänderten Prachtlibelle (*Calopteryx splendens*) besetzen Abschnitte an Fließgewässern, die als Larven-Lebensräume attraktiv sind.

niswürmchen (*Lamprohiza splendidula*) wartet, zeigen die Arten verschiedene Leuchtmuster. Männchen sollen dadurch schon aus der Luft erkennen, ob sich eine Landung lohnt. Das funktioniert beim Großen Glühwürmchen gut. Dem Kleinen ist es dagegen recht egal, auf welches Licht es zufliegt. Das scheint in der Evolution schon einkalkuliert: Beim Kleinen Glühwürmchen gibt es wesentlich mehr Männchen als Weibchen. Irrläufer fallen deshalb nicht besonders in Gewicht, die Weibchen müssen sich nicht sorgen, dass sie keinen Partner abkriegen. In den Tropen, wo es viel mehr leuchtende Käferarten gibt, müssen die Signale differenzierter sein. Dort werden die Leuchtmuster noch mit verschiedenen Farben, Lichtstärken und Blinksignalen kombiniert. Bei manchen Arten verständigen sich Männchen und Weibchen mit genau aufeinander abgestimmten Blinkduetten, bevor sie sich aufeinander einlassen. Wir alle wissen: Wo Signale ausgetauscht werden, lauert Gefahr. Hacker könnten mitlesen und die Informationen mit krimineller Ener-

— **Leuchtreklame**

Die flügellosen Weibchen des Kleinen Glühwürmchens oder Johanniswürmchens (*Lamprohiza splendidula*) locken potenzielle Partner mit artspezifischen Lichtsignalen.

gie für sich nutzen. Besonders raffinierte (um nicht zu sagen: perfide) Signalfälscher sind Leuchtkäfer der Gattung *Photuris*, die in Nordamerika „femme fatale lightning bugs" genannt werden. Entdecken deren Weibchen das Blinksignal irgendeines Leuchtkäfers, funken sie dazwischen – und zwar genau mit den auf diese Art abgestimmten weiblichen Lichtzeichen. Landet der Käfer, erwartet ihn nicht das erhoffte paarungsbereite Weibchen, sondern der Tod. Er wird gefressen. Interessant dabei ist, dass *Photuris* der einzige Leuchtkäfer ist, der als Imago überhaupt etwas frisst, und der einzige, dem ein chemischer Fraßschutz durch giftige Inhaltsstoffe von Natur aus fehlt. Möglicherweise steckt das hinter dem Verhalten der Weibchen, die im Übrigen erst nach der eigenen Begattung auf Jagd gehen: Sie könnten sich mit dem aus der Beute stammenden Gift einen eigenen Schutz zulegen und diesen vielleicht sogar an ihre Eier weitergeben. Wie auch immer: Das Verhalten der *Photuris*-Weibchen erinnert fatal an das von Räuberbanden, die in vergangenen Zeiten mit falschen Leuchtfeuern in Seenot geratene Schiffe auf Klippen lockten, um sie anschließend auszuplündern.

Leuchtkäfer erzeugen ihr Licht in speziellen, besonders großen Zellen, den Photocyten. Verstärkt wird die Abstrahlung durch eine dahinter liegende Reflektorschicht aus kristallgefüllten Zellen. Die Photocyten enthalten Luciferin, ein Stoff, dessen Bedeutung im Namen verschlüsselt ist: Lux = Licht, ferre = tragen. (Bei den Römern trug der heute Venus genannte Morgenstern den Namen Luficer = Lichtbringer; Lucifer ist inzwischen aber geläufiger als andere Bezeichnung für den Satan, dessen Karriere als lichtbringender Engel ein jähes Ende fand. Nachdem er gegen Gott rebelliert hatte, wurde er aus dem Himmel gestürzt und regierte fortan die Hölle.) Zum Leuchten gebracht wird Luciferin, wenn das Enzym Luciferase dazu kommt. Dann reagiert es unter Verbrauch von Sauerstoff und Einsatz von Energie. Bei dieser Reaktion wird Licht abgestrahlt (Biolumineszenz). Das Bio-Licht ist unglaublich effektiv: Über 99 % der bei der Reaktion freiwerdenden Energie wird als Licht abgestrahlt, weniger als 1 % geht als Wärme verloren. Bei einer konventionellen Glühbirne ist es andersrum: Nur 5 % der Energie geht ins Licht, 95 % in die Wärme. LEDs übertreffen den Wirkungsgrad einer Glühbirne mit 30–40 % schon sehr deutlich, erreichen aber den der Glühwürmchen bei weitem nicht. Ungelöst ist noch, wie der „Lichtschalter“ funktioniert, mit dem die Käfer das Licht an- und ausknipsen.

Die Leuchtkäfer zeigen: Man will und muss sich sichtbar machen und ist dadurch potenziell gefährdet. Wenn Informationskanäle gehackt werden, kann das lebensbedrohend sein. Einen Ausweg aus diesem Dilemma bieten Botschaften, die sich nicht so einfach entschlüsseln lassen. Das erschwert den Missbrauch. Optimal sind Signale, die für andere nicht wahrzunehmen, nichtssagend oder nicht zu deuten sind. Sie übermitteln nur denen eine Botschaft samt Hinweisen auf den Standort, die diesen auch kennen sollen: Willkommen in der Welt der Pheromone! Mehr dazu im Kapitel „Supersinne“.

MITBRINGSEL

Normalerweise ist es das Weibchen, das die letzte Entscheidung fällt, ob es zur Paarung kommt – „female choice“. Vielleicht kann man da mit kleinen Geschenken gewogen machen? Das ist die Strategie der Tanzfliegen (Empididae), einer auch in Deutschland artenreichen Fliegenfamilie. Ihren Namen haben sie von den Balzgruppen, in denen die Fliegen auf engem Raum scheinbar erratisch hin und her fliegen. Tanzfliegen ernähren sich räuberisch. Mit ihren langen Beinen schnappen sie andere Insekten aus der Luft, die manchmal kaum kleiner oder sogar größer sind als sie selbst, und saugen sie anschließend aus. Zur angestrebten Kopula kommen Männchen vieler Tanzfliegenarten nicht mit leeren Händen. Sie bringen Beute mit. Ohne ein solches Hochzeitsgeschenk brauchen sie gar nicht erst anzutanzen. Ursprünglich entstand dieses Verhalten möglicherweise als eine Art Lebensversicherung: Lieber etwas mitbringen als vielleicht selbst zur Beute werden. Die Geschenke können für die Weibchen so verlockend sein, dass sich die klassische Rollenverteilung bei vielen Arten umkehrt: Bei diesen gehen die Männchen nicht aktiv auf die Suche nach einer Partnerin. Sie treffen sich in Männer-Tanzgruppen, zeigen ihre Geschenke und warten, bis die Weibchen Initiative ergreifen. Bei der nordamerikanischen Art *Rhamphomyia longicauda* werben die Weibchen sogar aktiv um die Männchen. Hier treffen sich bis zu hundert Weibchen in Tanzgruppen, die Männchen anlocken sollen. Vorher machen sie sich noch schön, indem sie Luft schlucken und seitlich am Hinterleib sitzende, auffällig orangefarbene „Airbags“ aufblasen. Noch größer wirkt das Abdomen, wenn sie ihre durch dicke Borsten stark verbreiterten Beine darum schlingen. Der erste Blick der Männchen gilt zwar zunächst der Größe der Flügel der Weibchen, dann aber gleich dem Abdomen: je üppiger, desto besser. Ein dicker Hinterleib verspricht eine größere Zahl reifer Eier und damit mehr Nachkommen. Das finden Männchen attraktiv, und deshalb helfen die Weibchen hier ein bisschen nach, um ihre Chancen zu steigern. Ganz ehrlich ist es nicht, aber es

— Brautgeschenk

Solange die Tanzfliege (Empididae) ihren Rüssel in die mitgebrachte Fliege versenkt, kann sich das Männchen mit ihr paaren. Große Geschenke verschaffen ihm mehr Zeit als mickrige Mitbringsel.

funktioniert gut und ist deshalb eine etablierte Strategie. Die (in diesem Sinne) schönsten Weibchen beanspruchen für sich überdies die besten Bereiche in der fliegenden Tanzgruppe: Sie bleiben in dem kleinen Schwarm möglichst weit unten und in der Mitte – dort treffen die Männchen mit ihren Brautgeschenken ein. Ein wichtiger Grund für den Rollentausch bei *Rhamphomyia*: Männchen sind für die Weibchen nicht nur im Hinblick auf die Fortpflanzung wichtig, sondern auch als Versorger. Die Weibchen sind außerstande, selbst zu jagen und deshalb auf Gedeih und Verderb auf die Geschenke angewiesen. Wenn die Männchen bevorzugt immer die größten Weibchen aussuchen: Warum werden diese durch sexuelle Selektion (S. 132) im Lauf der Zeit nicht immer noch größer? Das hat einen praktischen Grund. Die um die 40 Minuten dauernden Paarungen finden im Flug statt. Die Männchen müssen währenddessen das Weibchen samt dem Geschenk permanent in der Luft halten. Das kostet so viel Kraft, dass die Männchen mit allzu schweren Weibchen schlicht überfordert wären.

Während sich das Weibchen der Tanzfliegen am Brautgeschenk gütlich tut, beginnt das Männchen mit der Übertragung von Spermien. Das dauert bei Tanzfliegen länger, und je länger die Paarung dauert, desto mehr Spermien werden übertragen. Damit steigen auch die Chancen des Männchens, später Vater vieler neuer Tanzfliegen zu werden. Das motiviert zur Übergabe eines möglichst großen Geschenks, mit dem das Weibchen längere Zeit beschäftigt ist. Ist das Geschenk ausgelutscht, ist die Paarung vorbei. Eine üppige Gabe hat, außer der Verlängerung des Geschlechtsakts, noch einen weiteren Vorteil: Je besser das Weibchen genährt ist, desto mehr kann es in die Zahl der Eier und die Versorgung der Eier mit Dotter investieren. Eine Win-win-Situation, denn damit erhöhen beide, Männchen wie Weibchen, ihren Fortpflanzungserfolg. Trotzdem gibt es Männchen, die dem Weibchen nach vollzogener Paarung den Rest des Geschenks schnöde entreißen, um es einer neuen Partnerin anzubieten.

— **Show**

Weibchen der nordamerikanischen Tanzfliegenart *Rhamphomyia longicauda* „wissen", dass die Männchen auf üppige Partnerinnen fliegen. Durch Borsten an den Beinen vergrößern sie ihren Körper optisch.

Manche Arten der Gattung *Hilara* hüllen ihr Geschenk sogar in Seide, eigens produziert in Drüsen im ersten Fußglied der Vorderbeine. Ursprünglich dürfte das der Knebelung der Beute gedient haben; kann sie nicht mehr zappeln, ist sie leichter handhabbar und stört den Geschlechtsakt nicht. In manchen Fällen aber wurde die Verpackung wichtiger als der Inhalt. Das kann so weit gehen, dass das Fresspaket tatsächlich nahezu leer ist, ein kleiner Seidenballon, der allenfalls noch winzige Insekten enthält. Die Übergabe des Brautgeschenks ist zu einem rein symbolischen Akt geworden, der das Weibchen gleichwohl zufriedenzustellen scheint, denn es hält den Ballon mit den Füßen fest und akzeptiert das Männchen anschließend als Paarungspartner. Das Weibchen macht sich auch nicht die Mühe, das bisschen Fleisch noch zu fressen. Tatsächlich scheint es an derlei Beute grundsätzlich gar nicht mehr interessiert zu sein: Manche Tanzfliegen sind zu Vegetariern geworden, die ihren Hunger lieber mit Pollen und Nektar stillen. Auf die Spitze getrieben ist das Balzritual bei der Art *Hilara sator*. Hier schwenkt das Männchen während des Paarungstanzes nur ein

Gehst du zum Weibe…

… könnte es dein letzter Gang sein. Männchen räuberisch lebender Insekten laufen Gefahr, statt als Partner als Beute gesehen zu werden. Eine besonders berüchtigte Gattenmörderin ist die Gottesanbeterin (*Mantis religiosa*).

winziges Seidentüchlein, das später nicht einmal mehr übergeben, sondern achtlos weggeworfen wird. All diese Strategien kommen in der einen oder anderen Form bei heutigen Tanzfliegen vor. Man kann sie aber auch als Modell für eine evolutionäre Entwicklung lesen. Auch wenn wir nicht dabei waren, sind die einzelnen Evolutionsschritte plausibel. Auf diese Weise lässt sich auch die Entstehung eines ansonsten schwer verständlichen Verhaltens wie das der mit seidenen Tüchlein winkenden *Hilara sator* enträtseln.

Für Männchen räuberisch lebender Arten kann die Paarung auch anders enden: mit dem eigenen Ende. Regelrecht berüchtigt dafür sind die Gottesanbeterinnen (*Mantis religiosa*), die ihren frommen Namen einer scheinbar andächtigen Geste verdanken. Die wie betend zusammengelegten Vorderbeine sind in Wirklichkeit gefährliche Waffen. Wenn sie weit vorschnellen und eine Beute zwischen die bedornten Schenkel und Schiene einklemmen, ist kein Entkommen mehr. Meist trifft es Heuschrecken oder andere Insekten, aber auch Artgenossen werden nicht geschont. Das macht schon die erste Annäherung des gegenüber dem bis zu 7,5 cm großen Weibchen wesentlich schmächtigeren Männchens zu einer Zitterpartie. Es schleicht sich vorsichtig an, bei jeder Bewegung des Weibchens sofort einfrierend, schwingt sich dann von hinten auf deren Rücken, umklammert ihre Flügel, streichelt sie mit den Antennen und schreitet zur Tat. Die Kopulation kann mehrere Stunden dauern, in denen manches Weibchen auf andere Gedanken kommt. Ich zitiere noch einmal Jean-Henri Fabre, den Altmeister der Entomo-Poesie: „Ich ertappe ein schreckliches Paar bei Folgendem. Das von seinen Lebensfunktionen beanspruchte Männchen umschlingt das Weibchen. Aber der Unglückliche hat keinen Kopf, keinen Hals, fast keinen Körper. Mit über die Schulter gedrehter Schnauze nagt sie an den Resten des süßen Geliebten. Und dieser Stumpf von einem Männchen erfüllt, fest angekrallt, weiter seine Pflicht! Liebe ist stärker als der Tod. Dieser Aphorismus wurde, wörtlich genommen, nie glanzvoller bestätigt. Ein Enthaupteter, ein bis zur Brustmitte Amputierter, ein Kadaver will immer noch Leben geben." Selbst wenn das Männchen die Kopulation überlebt, kann es später noch zur Beute werden. Derlei Dramen spielen sich regelmäßig in engen Terrarien ab, kommen aber auch in freier Wildbahn gelegentlich vor, wo sich die Männchen besser wieder in Büsche schlagen und dem mörderischen Zugriff der Weibchen entziehen können. Das ändert aber nichts an der Gefahr, in die sie sich für die Kopulation begeben. Warum sie dieses Risiko eingehen? Wieder ist wichtig, zu verstehen, dass das Ziel des Lebens nicht das Altwerden ist, sondern eine erfolgreiche Fortpflanzung. Bei vielen Insekten werden umso mehr Spermien übertragen, je länger die Kopulation dauert – siehe das Beispiel Tanzfliegen. Wenn ein Gottesanbeterin-Männchen bis zu fünf oder sechs Stunden kopuliert, steigert es seinen Fortpflanzungserfolg. Und das gilt letztendlich auch, wenn es aufgefressen wird und ein wohlgenährtes Weibchen seine Brut entsprechend gut ausstatten und mehr Eier legen kann. Damit macht sich das Männchen selbst zum Hochzeitsgeschenk – hat es Erfolg, lebt es in der nächsten Generation weiter.

Nicht jugendfrei! Evolutionsbiologisch lassen sich die abgefahrenen Sexualpraktiken mancher Insekten aber erklären und verstehen.

HARDCORE

Anders als die Gottesanbeterin haben die meisten Insekten harmlosen, wenn auch durch die zum Teil sehr ausgefallenen Paarungsrituale und die oft kompliziert gebauten Geschlechtsorgane durchaus interessanten Sex. Richtig hart zur Sache geht es allerdings bei den Bettwanzen (*Cimex lectularius*). Nüchtern sind die flügellosen Blutsauger so flach, dass sie sich in den kleinsten Ritzen verstecken können („Tapetenflundern"). Dort können, von Lockstoffen zusammengerufen, kopfstärkere Gruppen auf die Nacht warten. Wenn es dunkel wird, schwärmen die Wanzen aus. Ihr Stechrüssel ist so fein, dass die Opfer kaum bemerken, wenn sie angezapft werden. Umso mehr juckt die sich später als Reaktion auf den gerinnungshemmenden Wanzenspeichel entwickelnde Quaddel. Trifft ein Männchen später auf ein mit Blut vollgesogenes Weibchen, fackelt es nicht lange. Unter Verzicht auf jegliches Vorspiel überfällt es das Weibchen regel-

— **Traumatische Insemination**

Wenn sich Bettwanzen (*Cimex lectularius*) paaren, nutzen sie nicht die dafür vorgesehene Geschlechtsöffnung. Das kleinere Männchen bohrt sein Geschlechtsorgan an anderer Stelle in den Körper des Weibchens und verletzt es dabei.

recht und bohrt sein dolchartiges Geschlechtsorgan unter Missachtung der weiblichen Geschlechtsöffnung direkt in ihren Körper. Ein Akt, für den die Wissenschaft die schönen Bezeichnungen „hypodermale Injektion" oder „traumatische Insemination" gefunden hat. Die evolutionäre Antwort der Weibchen auf dieses rabiate Paarungsverhalten ist die Entwicklung eines neuen Organs, eines kleinen paarigen, Spermalege genannten Behälters, der die Spermien aufnehmen soll. Die Spermalege liegt unter einer leichten Schwellung der weichen Bauchhaut zwischen dem vierten und fünften Segment des Hinterleibs, und dort stechen die Männchen tatsächlich meist auch zu. Obwohl hier bereits die Immunabwehr wartet, um durch die Verletzung eindringende Krankheitserreger abzufangen, sinkt die Lebenserwartung der Weibchen durch diese Art der Paarung um ein Drittel bis die Hälfte; bei inneren Verletzungen wie der Perforation des Darms oder nach mehrfacher Begattung kommen auch schnelle Todesfälle vor. Durchdringen die

Männchen das Abdomen an irgendeiner anderen als der vom Weibchen vorgesehenen Stelle, senkt das dessen Lebenserwartung noch weiter – was natürlich aber auch nicht im Interesse des Männchens liegt. Von der Spermalege aus machen sich die Spermien nach wenigen Stunden durch die Leibeshöhle Richtung Ovarien auf. Dort liegt ein Spermienspeicherorgan, das ist ihr vorläufiges Ziel. Während sie durch die Hämolymphe (S. 90) schwimmen, absolvieren sie ein Überlebenstraining, denn auch sie werden von der Immunabwehr der Weibchen gestellt. Nur die besten kommen durch und haben später die Chance, eines der Eier im Ovar zu befruchten. Diese verlassen das Weibchen dann via Eileiter und Geschlechtsöffnung, die damit wenigstens eine ihrer ursprünglichen Funktionen beibehält.

Die Frage nach dem „Sinn" einer solchen traumatischen Insemination bleibt offen. Bei einer normalen Insektenpaarung deponieren Männchen ihre Spermien in den Spermatheken (S. 95), die nahe dem Körperende der Weibchen münden; die Eier werden erst kurz vor der Ablage besamt. Möglicherweise hat sich die Technik der Bettwanzen und einiger anderer Arten dadurch entwickelt, dass die Spermien von der Spermalege bis zu den Ovarien nur einen kurzen Weg zurücklegen müssen und die Eier schon in den Ovarien, also wesentlich früher, besamen können. Statt in einer Spermathek warten zu müssen, bis (und ob) sie

— **Paarungsrad**

Ein Männchen der Gemeinen Becherjungfer (*Enallagma cyathigerum*) hat ein Weibchen am Kragen gepackt, während dieses mit dem gekrümmten Hinterleib an den Spermienbehälter des Männchens andockt.

die Eier kurz vor der Ablage befruchten dürfen, haben sie dieses Ziel schon lang vorher erreicht. Der kurze Weg könnte denjenigen Männchen einen evolutionären Vorteil verschafft haben, die diese brutale Form der Paarung „erfunden" haben, sodass sich dieses Verhalten in der Evolution allmählich durchgesetzt hat.

Szenenwechsel – weg von der finsteren Seite des Sex zur sonnigen: Zwei Libellen, innig miteinander verbunden, mit den langen Hinterleibern vielleicht sogar ein Herz bildend – solche Bilder schmücken, kombiniert mit sentimentalen Sinnsprüchen, manche Kalender. Die Realität dahinter ist aber auch hier eher ernüchternd. Die Paarung der Libellen beginnt meist als einsamer Akt: Das Männchen krümmt seinen Hinterleib nach von und betankt einen kleinen, an der Basis des Abdomens liegenden Behälter mit Sperma. Dann geht es auf Partnerinnensuche. Mit Greifzangen an der Spitze des Hinterleibs wird das Weibchen am Kragen gepackt; so bilden die beiden ein Tandem, Männchen vorn, Weibchen hinten. Jetzt muss das Weibchen aktiv werden. Es krümmt seinen Hinterleib nach vorne und dockt an den Spermienbehälter an. Damit ist das Paarungsrad geschlossen. Bevor das Männchen die eigenen Spermien überträgt, wischt es schnell noch mit einem löffelartigen Werkzeug am Spermienbehälter die Spermathek des Weibchens sauber aus. Damit beseitigt es alle Spuren eines möglichen Vorgängers, um dessen Vaterschaft zu ver-

— **Körperlanger Penis**

Bei manchen Käfern wie dem Distelschildkäfer (*Cassida rubiginosa*) hat sexuelle Selektion zu einer enormen Verlängerung der Geschlechtsorgane geführt. Sind sie nicht in Aktion, müssen sie aufgerollt aufbewahrt werden.

eiteln. Damit ihm das nicht selbst auch passiert, löst sich das Männchen auch nach der Paarung möglichst nicht vom Weibchen. Beide Partner bleiben so lange als Tandem verbunden, bis das Weibchen die Eier abgelegt hat. Jetzt erst kann das Männchen beruhigt loslassen.

Der erbitterte Kampf um eine gesicherte Vaterschaft ist mit der erfolgreichen Kopulation also noch lange nicht gelaufen. Auch die Weibchen mischen mit, denn ihnen kann es einen Vorteil bieten, wenn sie sich mit mehreren Männchen paaren, und deren Spermien gegeneinander ausspielen können – immer mit dem Ziel, das beste Erbgut zu bekommen. In einer Art Wettrüsten sind dadurch bei manchen Käfern absurd lange Penisse entstanden, beim 6 mm langen Kurzflügelkäfer *Aleochara tristis* bis zu fast dreifacher Körperlänge (16 mm)! Damit dringt das Männchen möglichst weit in den spiralkabelartig aufgerollten Gang ein, der zur weiblichen Spermathek führt, dem Samenbehälter, aus dem die Käferin später ihre Eier befruchten wird. Bei der nah verwandten Art *Aleochara curtula* wird in der Spermathek sogar ein Ballon aufgeblasen, der eventuell vorhandenes Vorgängersperma herausdrückt, bevor das eigene dort deponiert wird. Wieder kann man über die Materialeigenschaften des Chitins (S. 36) nur staunen: Beim Distelschildkäfer (*Cassida rubiginosa*) – Körper- und Penislänge je 10 mm – ist das Geschlechtsorgan zehnmal dünner als ein menschliches Haar. Im Ruhezustand liegt es aufgerollt wie ein Feuerwehrschlauch im Hinterleib des Männchens, ausgefahren muss es, von hinten geschoben, den Spiralwindungen des weichhäutigen Gangs zur Spermathek folgen, ohne diesen zu verletzen und ohne abzubrechen. Erreicht wird das dadurch, dass der Schlauch an der Basis eher steif ist und spitzenwärts immer weicher wird. Warum man solche Details überhaupt erforscht? Tatsächlich finden das nicht nur Bio-Freaks spannend, sondern auch technisch Interessierte. Möglich, dass auch Sie eines Tages davon profitieren, sollten sich mit der Käferpenistechnik wie geplant mikroinvasive Operationen optimieren lassen.

OHNE MÄNNER

Vielleicht haben Sie sich schon einmal gefragt, wieso sich die Blattläuse an Ihren Rosen so rasend schnell vermehren. Die Lösung des Rätsels: Sie verzichten auf Männer. Die Blattlauskolonien bestehen aus lauter Weibchen, die Töchter gebären. Tatsächlich „gebären“, denn sie legen keine Eier, sondern bringen kleine Blattlauslarven zur Welt, die bei manchen Arten schon bei der Geburt selbst schwanger sind. Der Verzicht auf Sex hat einen großen Vorteil, der sich mit einem Gedankenexperiment leicht nachvollziehen lässt: Ein Weibchen, das durch Jungfernzeugung (Parthenogenese) zehn Töchter hervorbringt, hat in der nächsten Generation schon 100, in der Urenkelgeneration bereits 1000 Nachkommen. Pflanzt es sich dagegen sexuell fort, hat es im Mittel fünf Töchter und fünf Söhne. Weil nur die Töchter Kinder bekommen, kann dieses Weibchen nur auf 50 Enkel hoffen, von denen wieder nur die Hälfte produktiv ist, und so hat es statt 1000 Urenkel nur 250. Auch genetisch sieht die Bilanz auf den ersten Blick besser aus. Wenn evolutionärer Erfolg in der Weitergabe der eigenen Gene besteht (S. 130), punktet die Jungfernzeugung mit 100 % eigenen Genen in der nächsten Generation statt nur 50 % bei der sexuellen Fortpflanzung, bei der die andere Hälfte vom Partner stammt. Und trotzdem ist Sex auf Dauer überlegen. Ohne Sex keine ständige Neukombination von mütterlichen und väterlichen Genen. Fehlt die genetische Durchmischung, stagniert die evolutionäre Weiterentwicklung und damit die Chance einer Anpassung an geänderte Umweltbedingungen. Das „wissen“ auch die Blattläuse, weshalb sie beide Fortpflanzungsweisen kombinieren. Bei der Rosenblattlaus (*Macrosiphum rosae*) schlüpft im Frühjahr ein ungeflügeltes Weibchen aus dem Ei und wird zur Stammmutter von Generationen von Töchtern. Die Kolonien wachsen rapide. Später werden geflügelte Weibchen geboren, die für Verbreitung sorgen. Geht es dann auf den Winter zu, entstehen auch Männchen, die sich mit den Weibchen „ganz normal“ sexuell fortpflanzen. Die Weibchen gebären daraufhin keine Larven, sondern legen

Eier, die mit einer stabilen Hülle versehen den Winter überstehen.

Was bei den Blattläusen durch den Jahresverlauf bestimmt wird, steuert die Bienenkönigin in eigener Regie. Sie kann sich aussuchen, ob sie ihre Eier befruchten lassen will oder nicht. Den nötigen Vorrat an Spermien hat sie seit ihrem Hochzeitsflug ständig parat (S. 95). Entscheidet sie sich für Jungfernzeugung, bleiben die Spermatheken geschlossen. Aus den unbefruchteten Eiern schlüpfen später ausschließlich männliche Nachkommen, Drohnen genannt. Zur Produktion von Weibchen müssen die Eier dagegen befruchtet werden. Über deren weiteres Schicksal entscheidet dann die Versorgung: Zukünftige Königinnen erhalten ein anderes Futter als die zur Arbeiterin bestimmten Larven. Die Arbeiterinnen bleiben zeitlebens unbemannt und verzichten auf eine eigene Fortpflanzung. Die Frage, wie das mit der Triebkraft der Evolution, der Produktion von eigenem Nachwuchs und der Weitergabe der eigenen Gene, zu vereinbaren ist, hat schon Charles Darwin in Erklärungsnöte gestürzt. Aus diesem Dilemma gibt es zum Glück einen

— **Jungfernzeugung**

Manche Insekten verzichten während eines Großteils des Jahres auf Sex, nicht aber auf Vermehrung. Blattläuse wie die Mehlige Pflaumenblattlaus (*Hylopterus pruni*) können sich dadurch enorm schnell vermehren. Das Foto zeigt Larven verschiedenen Alters, Häutungshemden und geflügelte Individuen.

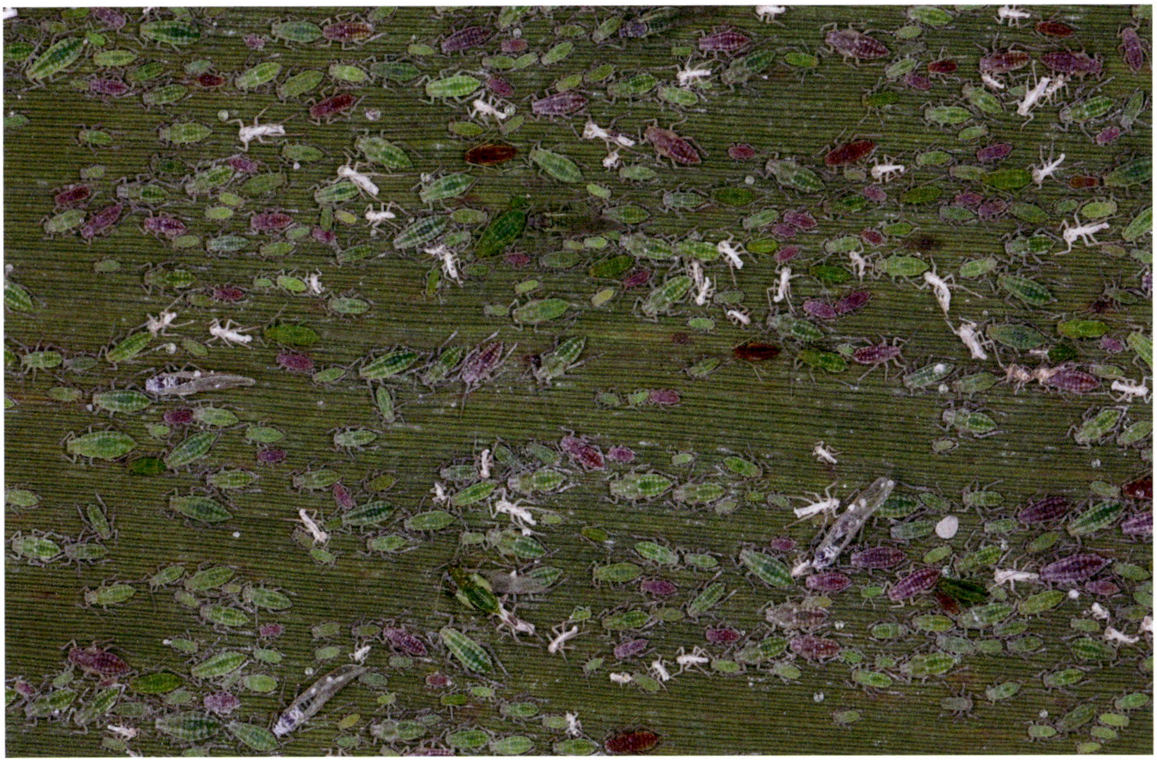

etwas um die Ecke gedachten, nichtsdestoweniger aber höchst plausiblen logischen Ausweg. Für die Weitergabe der eigenen Gene kann man nämlich auch sorgen, wenn man selbst kinderlos bleibt. Mit meinen Geschwistern teile ich die Hälfte meiner von unseren gemeinsamen Eltern übernommenen Gene, mit meinen Nichten und Neffen immerhin noch ein Viertel. Unterstütze ich meine Geschwister oder deren Kinder, fördere ich damit auch die Weitergabe meiner eigenen Gene, selbst wenn ich keine eigenen Nachkommen habe. Damit löst sich der Widerspruch zur Evolutionstheorie elegant auf. Manches auf den ersten Blick uneigennützige Verhalten bei Tierarten, die scheinbar selbstlos Verwandten helfen, dient also „über Bande" den eigenen Interessen. Im Bienenstaat ist die Verwandtschaft der Arbeiterinnen sogar noch enger als sonst unter Schwestern üblich. Das liegt daran, dass die Drohnen aus unbefruchteten Eiern hervorgehen. Sie haben deshalb nur einen einfachen (haploiden) Satz der das Erbgut tragenden Chromosomen. Das Erbgut der Drohnen stammt damit allein von der Mutter. Normalerweise haben Tiere einen

— Lebendgebärend

Die Geburt einer Blattlaus – bei manchen Insekten schlüpfen die Larven schon im Mutterleib aus dem Ei.

— **Darwins Dilemma**

Wenn die Weitergabe der eigenen Gene das höchste Ziel ist: Warum kümmern sich bei sozialen Insekten wie Honigbienen oder Ameisen die Arbeiterinnen lieber um die Aufzucht ihrer Geschwister, statt sich selbst fortzupflanzen? Hier versorgen Arbeiterinnen der Gelben Wegameise *(Lasius flavus)* den Nachwuchs ihrer Mutter, der Königin.

doppelten (diploiden) Chromosomensatz, die Hälfte von der Mutter, die Hälfte vom Vater. Bei der Bildung der haploiden Keimzellen – Eizellen und Spermien – wird dieser doppelte Satz willkürlich getrennt und bei der Befruchtung der Eizelle durch ein Spermium ebenso willkürlich neu kombiniert. Deshalb haben Geschwister nur zu 50 % und nicht zu 100 % dieselben Gene. Eine erfolgreiche Drohne füllt die Spermathek der Königin dagegen mit lauter genetisch komplett identischen Spermien. Deshalb teilen die Arbeiterinnen im Bienenstaat, allesamt Nachkommen derselben Mutter und desselben Vaters, nicht die üblichen 50 % ihrer Gene, sondern sogar 75 %. Die Schwestern sind damit untereinander enger verwandt als sie es mit ihren eigenen Kindern wären! Helfen sie bei der erfolgreichen Aufzucht neuer Königinnen, ist ihr evolutionärer Erfolg also sogar größer, als wenn sie sich selbst fortpflanzen würden.

SUPERSINNE

Übersinnlich?

Winzige Gehirne, aber Begabungen, die unsere in manchen Bereichen himmelweit übersteigen. Jedes Jahr deckt die Forschung neue fantastische Fähigkeiten von Insekten auf.

— **Hypersensibel**

Nachtfalter wie der Goldafter (*Euproctis chrysorrhoea*) können mit ihren Antennen Substanzen in unvorstellbar geringen Konzentrationen wahrnehmen.

SPRECHENDE TÄNZE

Blühen im Frühjahr die Weidenkätzchen auf, dauert es meist nicht lange, bis eine Honigbiene die Nahrungsquelle entdeckt. Wenig später summt und brummt der ganze Baum. Die Bienen, die jetzt ankommen, sind nicht zufällig da: Die Kundschafterin hat im Bienenstock geplaudert und ihre Artgenossinnen mit präzisen Informationen versorgt. Auf einer der senkrecht im Stock stehenden Waben bewegt sich die Entdeckerin der Weide in einer eigenartigen Tanzfigur. Sie entspricht etwa einer Acht – zwei nebeneinander liegende Ellipsen also, von denen eine linksherum, die andere rechtsherum beschritten wird. Auf dem mittleren Teil, einer kurzen Geraden, bewegt die Biene ihren Hinterleib schnell hin und her. Danach hat die ganze Figur ihren Namen: Schwänzeltanz. Im

Takt mit den Schwänzelbewegungen ertönt ein kurzes Schnarren. Es entsteht dadurch, dass die Biene ihren Flugmotor im Leerlauf mit ausgekuppelten Flügeln kurz aufheulen lässt. Die Vibrationen werden über die Waben übertragen und machen andere auf die Tanzbiene aufmerksam – schließlich ist es im Bienenstock zappenduster. Der Bienentanz findet meist auf leeren Waben statt, weil diese besser schwingen und deshalb die Botschaft weiter tragen. Immer mehr Bienen schließen sich jetzt der Vortänzerin an, nehmen mit den Fühlern intensiven Kontakt auf und laufen ihren immer gleichen Tanzschritten hinterher. Wenig später machen sie sich auf Richtung Weide.

Tanzend übermittelt die Biene drei wichtige Informationen: die Art der Futterquelle (das verrät der Geruchssinn) sowie die Richtung, in der sie liegt, und wie weit sie entfernt ist (das ist in der Tanzfigur verschlüsselt).

Das Tanztempo gibt die Entfernung zur Futterquelle an. Je näher, desto schneller durchläuft die Biene ihre Acht. 30 Durchgänge pro Minute bedeuten eine Entfernung von 500 Metern, 16 Runden 1 km, 12 Runden 2 km, 8 Runden 5 km. Um eine Entfernungsangabe machen zu können, muss die Wegstrecke natürlich auch gemessen werden können. Der Kilometerzähler der Bienen spuckt dabei keine absolute Zahl aus. Fliegt die Biene über eintöniges Gelände, gibt sie eine geringere Strecke an als wenn sie eine sehr strukturreiche Landschaft quert. Im Experiment wurde das mit kleinteilig schwarz-weiß gemusterten Röhren zwischen Stock und Futterquelle getestet. 270 Meter sei die Nahrungsquelle entfernt, tanzte die Kundschafterin, wenn der in Wirklichkeit nur sechs Meter lange Tunnel eng quer gemustert war. Realistischere Werte gaben die Bienen an, wenn die Flugstrecke durch den Tunnel längsgestreift war, die im Auge ankommenden Informationen sich mit der Wegstrecke also nicht ständig änderten. Zwar können auf diese Weise sehr unterschiedliche Angaben für gleich weit entfernte Objekte entstehen; da aber alle Bienen den gleichen

— Komplexe Kommunikation

Auf den ersten Blick ein heilloses Durcheinander, auf den zweiten Blick hoch effizient organisiert. Der Nahrungsbedarf eines Bienenvolks ist groß. Die Fähigkeit, Informationen über Nahrungsquellen präzise weiterzugeben, ist einer der Schlüssel für den Erfolg der Honigbiene (*Apis mellifica*).

„Fehler" machen, ist das egal – sie kommen trotzdem ans Ziel.

Die Richtung zur Nahrungsquelle lässt sich an der Abweichung der Schwänzelstrecke zur Senkrechten ablesen. Verläuft die Schwänzelstrecke gerade nach oben, bedeutet das: Fliegt genau auf die Sonne zu, dann findet ihr die Nahrungsquelle. Verläuft sie senkrecht nach unten: Fliegt von der Sonne weg. Weicht die Schwänzelstrecke um 70° nach links von der Vertikalen ab, liegt die Richtung der Futterquelle 70° links von der Sonne usw. Dabei wird sogar im tiefen Dunkel des Bienenstocks berücksichtigt, dass der Sonnenstand sich währenddessen ändert und sich dem entsprechend auch der Tanzwinkel etwas ändern muss – ein klarer Hinweis darauf, dass Honigbienen über eine innere Uhr verfügen, die zuverlässig tickt. Auf diese Weise können Bienen mit den beim Schwänzeltanz übermittelten Informationen (Entfernung und Richtung) unter Verwendung des Sonnenstandes als Orientierungshilfe jeden Punkt zielgenau ansteuern. Ist die Sonne nicht zu sehen, holt sich die Biene die entsprechenden Informationen aus dem Polarisationsmuster des Himmels – eine Information, die sich für uns Menschen überhaupt nicht erschließt, weil uns die entsprechenden Sensoren fehlen (S.65). Für Insekten dagegen ist es völlig normal, polarisiertes Licht zu sehen. Nicht nur die Honigbiene nutzt es zur Orientierung, sondern auch die Silberameise.

— Orientierungsgenies

Wüstenameisen (*Cataglyphis*) können aus der zurückgelegten Wegstrecke die genaue Richtung ihres Baus berechnen und schnurstracks nach Hause laufen. Zusätzliche Informationen geben die Sonne, das polarisierte Licht, das Magnetfeld der Erde, Landmarken und Düfte.

RECHENKÜNSTLERINNEN

Für eine Ameise ist sie eine richtige Rakete: Wenn sie auf hohen Stelzenbeinen über den glühend heißen Sand- oder Steinboden der Sahara rennt, erreicht die zu den Wüstenameisen der Gattung *Cataglyphis* gehörende Silberameise (*Cataglyphis bombycina*) eine Geschwindigkeit von 0,855 Meter pro Sekunde oder

etwa drei Kilometer in der Stunde. Für uns ist das gemächliches Spaziertempo. Das zentimetergroße Insekt macht es dagegen zur schnellsten Ameise der Welt. Andere Insekten bringt die Hitze um – die Silberameise profitiert davon. Ihr Suchlauf führt die Einzelgängerinnen in der größten Mittagshitze kreuz und quer durchs Gelände, immer in der Hoffnung, ein den extremen Temperaturen zum Opfer gefallenes und abgestürztes Fluginsekt zu finden. Die Expeditionen sind nicht ungefährlich. Obwohl die Ameisen selbst Körpertemperaturen bis zu 55 °C aushalten, kann die Hitze auch sie töten. Ist es kühler, werden dagegen Feinde in der offenen versteckarmen Landschaft zum Problem. Durchschnittlich überlebt eine Silberameise

im Außendienst nur sechs Tage. Hat sie auf ihren Streifzügen etwas Fressbares gefunden, ist es Zeit für die Rückkehr ins unterirdische Nest. Schnurgerade verläuft jetzt ihr Kurs, bis sie plötzlich wie vom Erdboden verschwunden ist, wenn sie den unauffälligen Eingang zum Bau erreicht hat. Wie ist das möglich? Die Ameise hat im Zickzack hunderte von Metern zurückgelegt und sich dabei bis zu 200 Meter vom Bau entfernt. Umgerechnet auf unsere eigenen Proportionen hieße das, nach einem 50 km-Marsch kreuz und quer durch die weitgehend strukturlose Wüste schnurstracks nach Hause zu finden – ein hoffnungsloses Unterfangen! Die Ameisen lösen das Problem, indem sie auf dem Hinweg sämtliche Wegstrecken und Richtungen messen und addieren. Das wird als Vektornavigation bezeichnet. Ein Vektor ist in der Mathematik eine Strecke mit einer bestimmten Länge und Richtung. Werden all diese Vektoren zusammengesetzt, lässt sich daraus zum Schluss die Länge und Richtung des Vektors berechnen, der einen nach Hause bringt. Und genau das machen die Wüstenameisen. Dabei wird die Länge der zurückgelegten Strecken per Schrittzähler ermittelt. Das zeigen Versuche, bei denen den Ameisen die Beine künstlich verlängert oder verkürzt wurden. Die Ameisen auf Stelzen schossen mit der gleichen Schrittzahl über das Ziel hinaus, die anderen erreichten es nicht. Winzige Fehler in der Rechnung oder unvorhergesehene Zwischenfälle auf dem Rückweg führen auch unter natürlichen Bedingungen immer wieder dazu, dass die Ameise am errechneten Zielpunkt nicht punktgenau am Eingang des Baues landet. Dann läuft sie nicht ziellos weiter – das würde in der Wüste den sicheren Tod bedeuten – sondern beginnt, in einer immer weiter werdenden Spirale die Umgebung abzusuchen. Das führt über kurz oder lang zum Erfolg. Die Vektornavigation liefert das Grundgerüst der Navigation der Wüstenameisen. Sie wird aber ergänzt durch eine ganze Reihe weiterer Möglichkeiten zur Orientierung, zum Beispiel mit einem Kompass, der mit polarisiertem Licht arbeitet. Wie die Bienen nehmen die Ameisen polarisiertes Licht mit Hilfe UV-empfindlicher Sinneszellen im Auge wahr. Die Messinstrumente für den Polarisationskompass liegen am oberen Rand der Facettenaugen, wo die Einzelaugen verstärkt mit UV-Rezeptoren bestückt sind und eine streng parallele Ausrichtung der Sehfarbstoffmoleküle in den einzelnen Sinneszellen eine Wahrnehmung der Schwingungsrichtung des Lichtes ermöglichen. Der Kompass funktioniert zuverlässig, wenn irgendwo wenigstens ein Stückchen blauer Himmel zu sehen ist. Bei vollständiger Bewölkung verzichten die Wüstenameisen meist auf weite Ausflüge und bleiben in der Nähe des Nestes. Das ist aber dort, wo sie leben, nur sehr selten der Fall. Damit sind die Möglichkeiten der Ameisen, sich zu orientieren, aber noch nicht erschöpft. Auch nach Jahrzehnten intensiver Forschung werden immer noch neue verblüffende Fähigkeiten entdeckt: In Nestnähe spielen zum Beispiel Düfte und das aus dem Nesteingang strömende Kohlenstoffdioxid (CO_2) eine Rolle. Außerdem prägen sich die Ameisen markante Landmarken ein. Dazu machen sie zu Beginn ihrer Sammler-Laufbahn Lerngänge, bei denen sie regelmäßig Pirouetten drehen. Dabei stoppen sie immer wieder kurz und schauen in diesen Momenten genau in Richtung des (unsichtbaren) Nesteingang. Wo der liegt, verrät ihnen das Magnetfeld der Erde. Dreht man das Magnetfeld im Versuch, schauen die Ameisen in die vorhergesagte abweichende Richtung, in der sie den Nesteingang jetzt vermuten. Schrittzähler, Himmelkompass, Magnetfeld, Landmarken, Düfte und Gasfahnen – man steht voller Bewunderung vor den unglaublichen Leistungen des gerade einmal 10 Milligramm wiegenden Insekts mit seinem 0,1 Milligramm schweren Gehirn!

Jahrzehntelang erforscht und immer noch eine „Wundertüte“: Ständig werden neue unglaubliche Fähigkeiten der Wüstenameisen entdeckt.

MEISTERHÖRER

Zikadengesang und Grillengezirpe – wie und warum Insekten Musik machen, haben Sie schon gehört (S. 41). Musikanten sind in der Regel die Männchen und adressiert werden in erster Linie Artgenossinnen. Wer Lärm macht, läuft aber immer auch Gefahr, dass er den Falschen Anwesenheit und Standort verrät: Feind hört mit. Die lebendgebärende nachtaktive

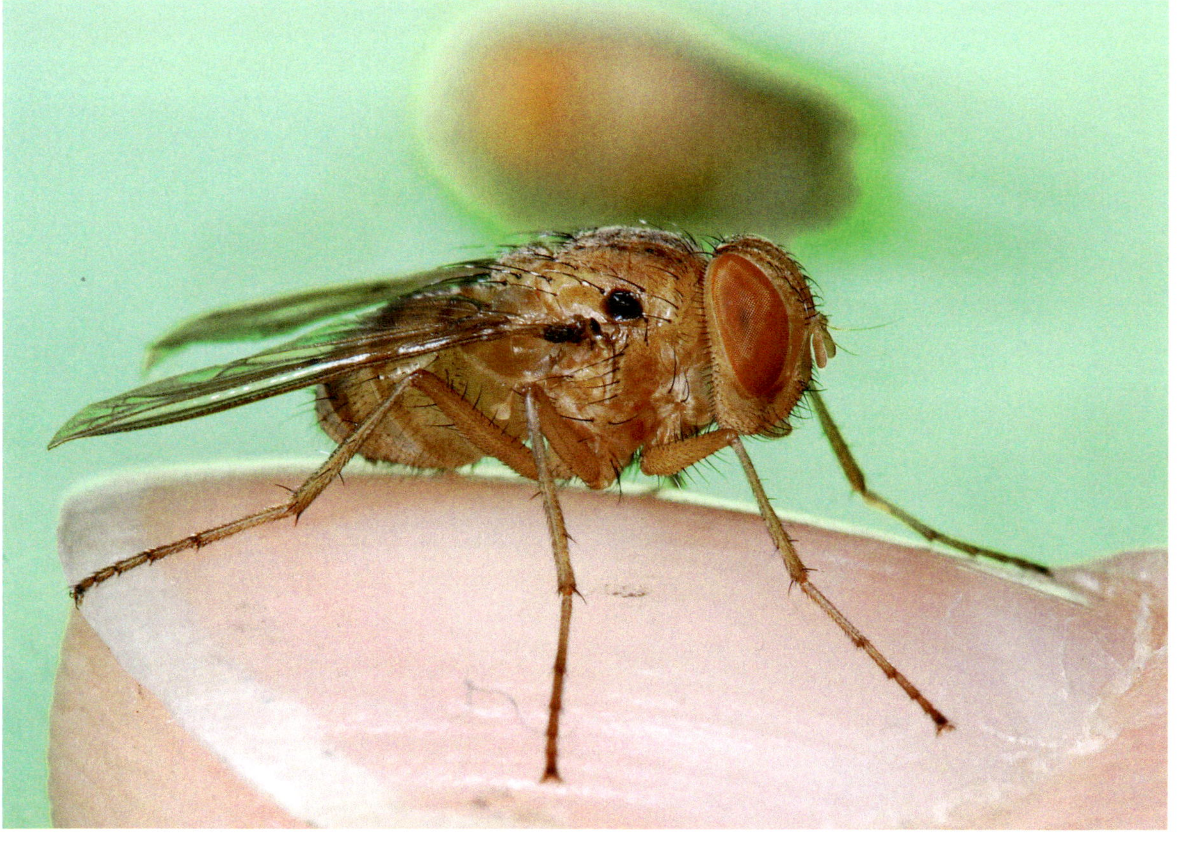

— Mit feinem Ohr auf Grillenjagd

Die Raupenfliege *Ormia ochracea* kann zirpende Grillen präzise orten und dem Sonar jagender Fledermäuse ausweichen.

Raupenfliege *Ormia ochracea* legt ihre Larven auf eine zirpende Grille oder direkt daneben. Die Larven sind Parasitoide (S. 197): Sie fressen die unfreiwilligen Wirte von innen langsam auf. Ihr Leben bedeutet deren Tod. Grillen findet *Ormia*, indem sie deren Zirpen folgt. Die Ohren von *Ormia* liegen auf der Vorderseite des Thorax: zwei große Membranen, die als Trommelfelle dienen. Besonders leistungsfähig ist das Hörorgan im Bereich von 5000 Hertz, der Tonhöhe, die Grillen produzieren. Die Grille zu hören ist das eine, ebenso wichtig ist aber, die Richtung zu erkennen, aus der das Geräusch erklingt. Für eine Ortung braucht es gewöhnlich zwei Empfänger. Liegt die Schallquelle seitlich, erreichen die Töne zunächst das eine und minimal später das andere Ohr. Aus dieser Laufzeit- und der Schalldruckdifferenz errechnet das Nervensystem die Lage der Schallquelle. Das geht umso besser, je weiter die beiden Ohren voneinander entfernt sind. Und hier liegt das Problem der winzigen Raupenfliege: Der Abstand der beiden Trommelfelle beträgt gerade einmal einen halben Millimeter. Selbst wenn die Töne genau von der Seite kommen, also bei maximaler

Zirpende Grillen...

... wollen Artgenossen anlocken. Aber Achtung: Feind hört mit! Die Raupenfliege *Ormia* findet so die Wirte für ihre an Grillen parasitierenden Kinder.

Zeitdifferenz, verstreichen nur 1,5 Millionstel Sekunden (1,5 µs), bis der Schall den Weg vom einen zum anderen Ohr zurückgelegt hat. Und diese Zeit wird immer kürzer, je weiter die Schallquelle nach vorne (oder hinten) bewegt wird. Ist die Zeitdifferenz Null, liegen die „Lautsprecher" genau vorne oder hinten. Versuche haben ergeben, dass *Ormia* sogar noch in der Lage ist, eine seitliche Abweichung von 1–2° von der Mittellinie richtig orten können. Ganze 50 Nanosekunden (Milliardstel Sekunden) liegen dann zwischen der Ankunftszeit des Schalls an den beiden Hörorganen! Das ist mit einem konventionellen System nicht mehr aufzulösen. Wie schaffen es die Raupenfliegen? Ihre fächerartig gefurchten Trommelfelle sind über eine „intertympanische Brücke" miteinander verbunden. Dahinter liegt eine Kammer mit Zellen, die eine mechanische Verformung über den Hörnerv an das zentrale Nervensystem melden. Die mechanische Koppelung der beiden Trommelfelle bewirkt eine Verstärkung des Eingangssignals. Die maximale Zeitdifferenz wird dadurch von 1,5 auf 55 µs gesteigert. Das genügt aber noch nicht, um eine präzise Information über die Richtung zu vermitteln. Ein weiterer Zeitgewinn ist nötig. Er entsteht dadurch, dass die zuständigen Nervenzellen unterschiedlich reagieren und insgesamt die Weiterleitung der Impulse etwas verzögern. Bei seitlicher Beschallung ist die Reaktionszeit der Nervenzellen auf der abgewandten Seite sechsmal länger als die auf der zugewandten Seite. Dadurch werden aus 55 µs Zeitunterschied glatte 300 µs! *Ormia* schafft es also, durch zwei ganz unterschiedliche Tricks winzige Zeitunterschiede so zu verstärken, dass sie zur äußerst präzisen Orientierung taugen. Schlecht für die Grillen – aber ein Vorbild für die Technik. Mittlerweile wurden schon Schalldetektoren und Mikrofone mit der *Ormia*-Technik gebaut.

Während *Ormia* lauscht, um Kinderstuben zu finden, muss sie befürchten, auf dem Weg dorthin selbst zur Beute zu werden. Da die Grillen nachts singen, ist auch *Ormia* im Dunkeln unterwegs. Die mit ihren Larven schwangeren Fliegenweibchen sind Leckerbissen für Fledermäuse. Fledermäuse orten ihre Beute per Echolot. Jagende Fledermäuse stoßen deshalb ständig unglaublich laute Schreie aus, die wir Menschen aber nicht hören, weil sie im Ultraschallbereich liegen. Das Echo verrät der Fledermaus, wo Beute fliegt. Aber die Schreie verraten auch den Jäger. Die Ohren von *Ormia* können nicht nur das Zirpen der Grillen orten, sondern hören auch im Ultraschallbereich. Gerät *Ormia* ins Sonar einer Fledermaus, ist sie gewarnt und ergreift die Flucht.

Ganz Ohr: Akustische Signale spielen nicht nur innerhalb von Arten, sondern auch zwischen Arten eine große Rolle.

Mit dieser Taktik ist die Fliege nicht allein. Auch viele Nachtfalter reagieren auf Fledermausschreie. Bei manchen Faltern sitzen die einfach gebauten Hörorgane an der Taille, dort wo Brust und Hinterleib zusammenstoßen, bei anderen an der Basis des Rüssels. Besonders differenziert ist das Hörerlebnis nicht, aber das ist ja auch nicht nötig. Es genügt eine deutliche akustische Warnung, wenn man ins Zielradar einer Fledermaus gerät. Das Ohr der Eulenfalter zum Beispiel hat lediglich zwei auf Schall ansprechende Sinneszellen, von denen eine auf „laut", die andere auf „leise" eingestellt ist. Spricht „leise" an, bedeutet das: Die Fledermaus ist noch weit. Der Falter sucht sein Heil in der Flucht, weg von der Schallquelle. „Laut" bedeutet dagegen akuten Fledermaus-Alarm. Der löst beim Schmetterling unregelmäßigen Flug und gezielte Abstürze in die schützende Vegetation aus. Eine andere Strategie verfolgen manche Bärenspinner. Statt sich in die Büsche zu schlagen, machen sie die Fledermäuse sogar mit Klicklauten auf sich aufmerksam – nicht, weil sie lebensmüde sind, sondern weil sie schlecht schmecken. Die vorsorgliche akustische Warnung entspricht der Warnfarbe vieler giftiger Tiere wie der Wespen (S. 56). Und einige andere Nachtfalter erzeugen selbst Laute im Ultraschall-Bereich, wie die Fledermäuse selbst. Klassische Störsender, die dem gefährlichen Jäger möglicherweise signalisieren, dass hier keine Beute, sondern eine andere Fledermaus unterwegs ist.

FEUERMELDER

Der Schwarze Kiefernprachtkäfer (*Melanophila acuminata*) hat einen siebten Sinn fürs Feuer. Den braucht er auch, denn ohne Feuer unterm Hintern keine Fortpflanzung. Die Larven des Käfers wachsen in der Bastschicht frisch verbrannten Holzes – und nur dort. Wo der Wald brennt und sich solche Möglichkeiten ergeben, lässt sich nicht vorhersagen, und insgesamt sind Waldbrände zum Glück auch eher seltene Ereignisse. Trotzdem treffen die normalerweise nur vereinzelt zu beobachtenden Käfer kurz nach Ausbruch eines solchen Brands oft zu Hunderten oder Tausenden ein und legen unmittelbar nach dem Abflauen des Feuers ihre Eier unter die verkohlte Rinde der Bäume.

Wie findet der Käfer die Brandherde? Darauf gibt es zwei Antworten: Temperatur und Rauch. Unmittelbar hinter dem mittleren Beinpaar sitzen am Thorax zwei Organe mit je 70 hochempfindlichen Infrarotsensoren. Sie reagieren sofort auf minimale Veränderungen der Außentemperatur. Jeder Sensor besteht aus einem winzigen wassergefüllten Druckbehälter, in den eine Sinneszelle ragt. Trifft Wärmestrahlung auf den Behälter, steigt der Druck im Kessel schlagartig, weil sich das erwärmte Wasser ausdehnt, aber nicht komprimieren lässt. Das meldet die hochempfindliche Sinneszelle sofort weiter. Wie groß die Fernwirkung ist, ist umstritten. Ziemlich sicher können die Käfer einen größeren Waldbrand, der gewöhnlich Temperaturen zwischen 435 und 1150 Grad entwickelt, noch auf über zehn Kilometer Entfernung orten. Ernsthaft diskutiert werden aber auch Entfernungen bis zu 130 Kilometer, was eine nahezu unvorstellbare Empfindlichkeit der Sensoren voraussetzen würde. Warum aber fallen die „Feuerkäfer" nicht auf andere Wärmequellen herein, an denen in unserer industrialisierten Welt nun wahrlich kein Mangel herrscht? Das verhindert der Rauch. Brennendes Kiefernholz erzeugt ein Rauchgas mit einer sehr charakteristischen Zusammensetzung. Dafür haben die Käfer Antennen – im Sinne des Wortes: Die Sensoren sitzen auf den Fühlern. Für einzelne Bestandteile der Rauchgase sind diese so empfindlich, dass sie noch ein Nanogramm (also ein Milliardstel Gramm) pro Liter Luft erkennen. Ein einziger angekohlter Baum erregt die Antennen der Käfer bei schwachem Wind noch in über einem Kilometer Entfernung. Ein ganzer Waldbrand mit seiner enormen Rauchentwicklung sollte noch in wesentlich größerem Umkreis wirken und den Käfern damit eine klare Auskunft geben, ob es sich lohnt, der Wärmequelle entgegenzustreben, oder ob falscher Alarm vorliegt. Wahrscheinlich lässt der Brandgeruch die Käfer abheben und löst Orientierungsflüge oberhalb der Baumkronen aus.

Sowohl die Infrarotorgane als auch die Rauchgasmelder inspirieren auch die Technik auf ihrer Suche nach immer besseren Sensoren. Das empfindliche Näschen der Käfer – elektrische Impulse aus isolierten Käferantennen – könnte zum Beispiel als biologischer Rauchmelder für die Frühwarnung in waldbrandgefährdeten Gebieten eingesetzt werden.

— **Abgebrannt**

Waldbrände wie hier in der nördlichen Mongolei können vom Schwarzen Kiefernprachtkäfer über erstaunliche Entfernungen geortet werden.

TELEKOMMUNIKATION

Pheromone sind Substanzen, die in unvorstellbar geringer Konzentration sehr spezifische Wirkungen auslösen. Anders als Hormone, bei denen das ähnlich ist, wirken sie nicht im eigenen Körper, sondern werden nach außen abgegeben, um im Körper anderer etwas zu bewirken. Adressaten sind ausschließlich Artgenossen. Alle anderen können mit den in diesen Botenstoffen verschlüsselten Informationen nichts anfangen. Auch für die Forschung war es deshalb nicht einfach, das Rätsel der Kommunikation mit Pheromonen zu knacken. Jean-Henri Fabre, der Altmeister der beobachtenden Entomologie, der viele komplizierte Lebensläufe von Insekten aufklären konnte, hat sich jahrelang daran abgearbeitet. Lösen konnte er das Rätsel mit seinen Experimenten nicht, aber er schaffte es immerhin, es einzukreisen.

Sein Versuchstier war das Große Nachtpfauenauge (*Saturnia pyri*), mit einer Spannweite bis 16 cm der größte Schmetterling Mitteleuropas. Fabre setzte ein frisch in seinem Laboratorium geschlüpftes Weibchen unter eine Drahtglocke, zunächst noch ohne einen besonderen Plan – und erlebte in der Nacht eine unglaubliche Invasion der spektakulären Riesenschmetterlinge. „Sie waren aus allen Richtungen gekommen und hatten es auf eine mir unbekannte Art erfahren, diese vierzig Verliebten, die es eilig haben, der am Morgen im geheimnisvollen Bereich meines Arbeitszimmers geborenen Heiratskandidatin ihre Aufwartung zu machen." Wie hatten die Falter das Objekt ih-

— Hitze und Rauch

Darauf sprechen die Sensoren des Schwarzen Kiefernprachtkäfers (*Melanophila acuminata*) an, dessen Larven sich in frisch verbranntem Holz entwickeln.

rer Begierde gefunden? Diese Frage kitzelte den Forschergeist Fabres: „Über welche Informationsapparate verfügt der große paarungsbereite Schmetterling bei seiner nächtlichen Wallfahrt? Man vermutet, dass es die Antennen sind, deren umfangreiche Federbüsche bei den Männchen den Raum prüfen. Sind diese prächtigen Federbüsche bloßer Schmuck, oder spielen sie eine Rolle bei der Wahrnehmung der Ausdünstungen, die den Verliebten leiten?“ Fabre war damit bereits auf der richtigen Spur. Um seine Hypothese zu testen, griff er zur Schere und schnitt den Faltern eben diese „Federbüsche“ ab. Das ist eine radikale, aber in der Biologie durchaus übliche Methode: Will man herausfinden, welche Aufgabe ein Organ hat, schaltet man es aus und schaut, was passiert. Fabre beraubte also einige der im Raum verbliebenen Männchen ihrer prächtigen Fühler, die sie so auffällig von den Weibchen unterscheiden. Das Weibchen im

— Riesenfalter

Das Große oder Wiener Nachtpfauenauge (*Saturnia pyri*) ist der größte heimische Schmetterling – Flügelspannweite bis zu 16 cm! Hier ein Männchen, erkennbar an den lang und dicht gefiederten Antennen.

Drahtkäfig stellte er auf die andere Seite des Hauses. Dort erschien in der folgenden Nacht neben vielen neuen Bewerbern nur ein einziges der Versuchstiere, die anderen hatten den Weg offenbar nicht gefunden. Weitere jeweils leicht abgewandelte Versuche zeitigten ähnliche Ergebnisse. Obwohl dies Fabres Hypothese über die Bedeutung der Fühler unterstützte, war er noch nicht zufrieden. Weil männliche Falter nur wenige Tage alt werden, erschienen nämlich auch unversehrte Männchen, die er markiert hatte, nur selten ein zweites Mal vor der Drahtglocke mit dem Weibchen. „Das Große Nachtpfauenauge ist von der inbrünstigen Paarung erschöpft. Für die Hochzeit, sein einziges Lebensziel, verfügt der Schmetterling über ein wunderbares Vorrecht. Trotz der Entfernung, der Finsternis und der Hindernisse entdeckt er die ersehnte Braut. Ein paar Stunden an zwei oder drei Abenden werden seiner Suche und seinen Liebesspielen gewährt. Nutzt er sie nicht, ist alles zu Ende: Der Kompass versagt, das Leuchtfeuer erlischt. Wozu weiterleben! Dann verzieht man sich stoisch in einen Winkel und ruht im letzten Schlaf, dem Ende der Illusionen wie der Leiden."

Der Hintergrund dieses dramatischen Szenarios: Wie schon Fabre wusste, können Nachtpfauenaugen keine Nahrung aufnehmen, weil ihre Mundwerkzeuge verkümmert sind. Ausgestattet allein mit dem Vorrat an Nährstoffen, den die Raupe sich vor der Metamorphose angefressen hat, steht dem Falter nur eine einzige „Tankfüllung" zur Verfügung, die bei Männchen für zwei oder drei Lebenstage ausreicht. Das Weibchen hält etwas länger durch; es sitzt ja nur da und verzichtet auf das energieaufwendige Fliegen. Im Verlauf von acht Nächten zog Fabres Versuchsweibchen 150 Männchen an. Weil die Art selten ist, mussten viele davon weite Strecken zurückgelegt haben. Was leitet sie auf dieser Reise? Fabre vermutet: der Geruchssinn. „Im Bereich unserer Sinne erklärten Duftspuren am besten den Ansturm der Schmetterlinge, die dennoch nicht sofort den sie anlockenden Köder finden. Gibt es Ausdünstungen, die dem entsprechen, was wir Geruch nennen, die für uns nicht wahrnehmbar sind, jedoch einen Geruchssinn beeindrucken, der besser als unserer ausgestattet ist?" Fabre verstreut Naphthalin, dessen penetranten Gestank Sie von den klassischen Mottenkugeln her vielleicht kennen, um damit schwächere Gerüche zu überdecken und die Falter zu verwirren. Das beeindruckte diese allerdings kein bisschen. Erst als er das Weibchen statt unter ein Drahtgeflecht in einen verschlossenen Behälter setzte, egal ob aus Blech, Holz, Pappe oder Glas, war Schluss mit dem nächtlichen Andrang: Kein Männchen erschien. Nur wenn die Innenluft Kontakt zur Außenluft hat, kommen sie, selbst wenn „die Eingeschlossene in einer Hutschachtel in einem Wandschrank wartete".

Jahre später wiederholt Fabre seine Versuche mit einer anderen Schmetterlingsart, dem Eichenspinner (*Lasiocampa quercus*), und ist nun „überzeugt. Um die Schmetterlinge der Umgebung zur Hochzeit einzuladen, sie aus der Ferne zu benachrichtigen und zu leiten, sendet die Heiratskandidatin einen feinen Duft aus, den unser Geruchssinn nicht wahrnimmt". Trotzdem grübelt der Entomologe weiter über dem Problem und schreibt in einem späteren Essay: „Ist dies wirklich ein Geruch, wie wir ihn verstehen? Ich vermag so etwas kaum zu glauben? ... welcher Stoff strömt vom Weibchen des Eichenspinners oder des Großen Nachtpfauenauges aus? Nichts, wenn es nach unserem Geruchssinn geht. Und wenn die Männchen herbeieilen, müssten die Moleküle dieses Nichts einen Umkreis von mehreren Kilometern sättigen! Was der Gestank der Drachenwurz nicht schafft, soll dem Geruchlosen gelingen! So weit sich die Materie auch teilen lässt, solchen Schlussfolgerungen verweigert sich der Geist. Das hieße einen See mit einem Karminkorn rot färben, das Unendliche mit Null füllen." Fabres Schlussfolgerung: „Der Geruch hat also offenbar zwei Bereiche, den der in der Luft gelösten Partikel und den der Ätherwellen ... Wie das Licht hat auch der Geruch seine Röntgenstrahlen. Möge uns die vom Tier unterrichtete Wissenschaft eines Tages mit dem Röntgengerät für Gerüche ausstatten, und diese künstliche Nase wird uns eine Wunderwelt eröffnen."

Antennen-Nase

Wie viele Nachtfalter setzt auch der Eichenspinner (*Lasiocampa quercus*) zur Paarfindung auf von Weibchen abgegebene und von Männchen noch in großer Entfernung wahrgenommene Pheromone.

Erst 44 Jahre nach Fabres Tod im Jahr 1915 ging dieser Wunsch in Erfüllung, wenn auch nicht ganz so, wie er sich das vorgestellt hatte. Seine „Ätherwellen“ gibt es nicht. Der Biochemiker Adolf Butenandt wies 1959 als erster nach, dass die Pheromone der Insekten ebenfalls eine materielle Basis haben. Es sind, wie Gerüche, Moleküle, die vom Sender zum Empfänger transportiert werden. Moleküle, für die wir kein Näschen haben und die in einer unvorstellbar geringen Konzentration wirken. Eine halbe Million Duftdrüsen weiblicher Seidenspinner (S. 113) mussten ausgequetscht werden, um ganze zwölf Milligramm des Lockstoffs zu isolieren, der dann chemisch identifiziert werden konnte. Bombykol, benannt nach dem wissenschaftlichen Namen des Seidenspinners *Bombyx mori*, war das erste Pheromon, das auch künstlich hergestellt wurde. Gut für die Wissenschaft, die damit eine Möglichkeit hatte, das Geruchsvermögen der Insekten näher zu untersuchen. Und gut für die Seidenspinner, die dann nicht mehr als Lieferanten herhalten mussten. Versuchstiere blieben sie gleichwohl: Mit Bombykol ließ sich das sagenhafte Geruchsvermögen der Nachtfaltermännchen – in diesem Fall der Seidenspinner – genauer testen. Dass Seidenspinner-Männchen anders als die des Großen Nachtpfauenauges oder des Eichenwicklers flugunfähig geworden sind, schadet nicht weiter. Ihre Reaktionen auf den Duft der Weibchen sind dennoch eindeutig: Sie zittern mit den Antennenspitzen, beginnen mit den Flügeln zu schwirren und drehen sich in Richtung Duftquelle. Schon bald hatte man herausgefunden, dass die „Nase“ tatsächlich, wie von Fabre vermutet, auf den riesigen, verzweigten Fühlern liegt. Dort sitzen verschiedene Rezeptoren, die meist die Form winziger Härchen mit kleinen Poren haben – 50 000 pro Antenne sind es beim Seidenspinner, die sich nach Bau und Funktion in mehrere Typen einteilen lassen. Sie sprechen auf unterschiedliche Duftreize an; 17 000 davon detektieren Bombykol. Fast unglaublich, wie empfindlich diese Messinstrumente arbeiten: Ein einziges Molekül Bombykol genügt, um einen Nervenimpuls, wenn auch noch kein Schwirren, auszulösen! Zu einer erkennbaren Reaktion des Falters kommt es erst bei etwas höheren Konzentrationen. Das ist sinnvoll, denn Nervenzellen schicken gelegentlich auch spontan Impulse los, sodass eine Art „Hintergrundrauschen“ entsteht, das keinerlei Information birgt. Erst wenn sich die Erregung von Nervenzellen deutlich von diesem Hintergrundrauschen abhebt, löst das ein entsprechendes Verhalten aus. Dazu müssen die Antennen pro Sekunde mindestens 690 Moleküle des Pheromons einfangen. Das klingt viel, ist aber in Wirklichkeit fast unvorstellbar wenig. 1000 Bombykol-Moleküle pro Kubikzentimeter Luft bedeutet ein Molekül Pheromon unter 27 Billiarden (27×10^{15}) anderen Gasmolekülen! Drei Pfund Bombykol würden schon genügen, um eine solche „Konzentration“ in der Luft über ganz Deutschland zu erzeugen. Das knapp eine millionstel Gramm aus den Duftdrüsen eines Weibchens reicht aus, um Männchen in weitem Umkreis zu informieren. Die Fühler sind damit weit empfindlicher als die besten je gebauten technischen Messfühler. Mittlerweile werden die Antennen der Insekten in der biologischen Bekämpfung weit verbreiteter Schädlinge wie Apfel- oder Traubenwickler sogar selbst als Messgeräte eingesetzt. Dabei werden Insektenfühler mit elektronischen Geräten kombiniert, welche die von den Biosensoren kommenden Nervensignale auffangen und verstärken.

Geheimer Code: Mit Pheromonen lassen sich Informationen übermitteln, die nur von Artgenossen entschlüsselt werden können.

Die Schmetterlingsweibchen setzen die Sexuallockstoffe aus einer Drüse am Hinterleibsende frei. Sie verbreiten sich mit dem Wind und bilden eine verwirbelte Duftfahne, ähnlich wie Rauch, der einen Schornstein verlässt. Natürlich weiß ein Männchen, das die Pheromone auffängt, zunächst noch nicht genau, wo sich das Weibchen befindet. Es pflegt deshalb zunächst gegen den Wind zu starten: Diese Richtung kann so falsch nicht sein. Allerdings: Jeder, der einmal versucht hat, einem leckeren Duft folgend das ersehnte Café zu finden, weiß, dass das seine Tücken hat. Mal wirbelt ein günstiger Windstoß eine ganze Nase Kaffeeduft herbei, dann wieder schnuppert man vergeblich. Den Faltern geht es nicht anders. Sie kreuzen deshalb in einem Zickzack-Kurs schräg und quer zur

Windrichtung, wobei sie die Richtung immer dann wechseln, wenn die Duftkonzentration stark nachlässt. So gelangen sie automatisch in Gebiete immer größerer Duftstoff-Konzentration und schließlich unweigerlich zum Ziel.

Dass die Männchen tatsächlich aus großer Entfernung angelockt werden, wie Fabre seinerzeit aus der schieren Zahl der ankommenden Bewerber geschlossen hatte, bestätigte sich ebenfalls in entsprechenden Versuchen. Beim (flugfähigen) chinesischen Seidenspinner *Acticas selene* schaffte es im Experiment immerhin ein Viertel der Männchen, ein Weibchen noch aus einer Entfernung von elf Kilometern zu orten und aufzufinden!

Die Zahl der Nachtfalter-Arten, die auf diese Weise duftend ihren Liebsten locken, geht in die Tausende. Zumindest bei Schmetterlingen, die das gleiche Verbreitungsgebiet und dieselbe Flugzeit haben, müssen die Lockstoffe so spezifisch sein, dass es zu keinen Missverständnissen kommt. Das ließe sich leicht erreichen, wenn alle Arten ganz unterschiedliche Botenstoffe verwenden würden. So ist es aber keineswegs. Manches Pheromon besteht aus einem Wirkstoffcocktail, wobei verschiedene Schmetterlingsarten einfach unterschiedliche Mischungsverhältnisse verwenden, um ihr spezifisches Parfum herzustellen.

Wer Sexualpheromone einsetzt, hat Macht über die Männchen – egal, ob man das Weibchen ist oder ob die Stoffe aus der chemischen Industrie kommen. Dort produziert man sie zur Schädlingsbekämpfung. Im Weinberg setzt man Pheromonfallen ein, um den Befall mit Traubenwicklern (*Eupoecilia ambiguella, Lobesia botrana*) zu prüfen. Die Raupen der kleinen

— **Kunst am Baum**

Unter der Rinde zweigen vom zentralen Gang der Mutter links und rechts die Fraßgänge der Larven ab. Die einzelnen Borkenkäferarten (Scolytidae) befallen unterschiedliche Baumarten und stellen verschiedene Muster her.

Alle hierher!

Der etwa einen halben Zentimeter große Buchdrucker (*Ips typographus*) gehört zu den in der Forstwirtschaft als Schädlinge berüchtigten Borkenkäfern. Er nutzt Pheromone auch, um Artgenossen zum gemeinsamen Besiedeln günstiger Bäume zu animieren.

— Pheromonfallen

Solche Fallen dienen dem Monitoring, also der Kontrolle der Bestandsdichte von Borkenkäfern. Gleichzeitig lässt sich mit ihnen die Zahl der Käfer dezimieren.

Schmetterlinge bohren sich in die Trauben. Das ist im Weinberg nicht erwünscht. Statt bei Befall Pestizide zu versprühen, greift man vor allem im Öko-Weinbau zur Verwirr-Methode: Im ganzen Weinberg werden Kapseln aufgehängt, denen der Sexuallockstoff der Schmetterlinge entströmt. Eingehüllt von einer ganzen Wolke haben die Männchen keine Chance mehr, die Weibchen zu finden. Auch beim Monitoring – der Beurteilung der Stärke des Befalls – und der Bekämpfung von Borkenkäfern leisten Pheromonfallen gute Dienste. Die Käferlarven stellen beim Fressen unter der Rinde und im Holz zwar sehr aparte Muster her, können Bäume dabei aber so stark schädigen, dass diese absterben. Die Käfer nutzen Pheromone nicht nur als Sexuallockstoff. Sie rufen damit auch Artgenossen zusammen, wenn sie einen günstigen Brutbaum gefunden haben, zum Beispiel eine geschwächte Fichte. Der Baum wehrt sich gegen die Käfer mit der Absonderung von Harz. Dem begegnen die Käfer mit einem Massenansturm: Attackieren viele, ist der Baum mit der Abwehr schnell überfordert und die Käfer laufen weniger Gefahr, im Harz kleben zu bleiben.

DER DUFTGESTEUERTE STAAT

Eine ganz herausragende Rolle spielen Düfte in der Welt der Ameisen. Zahlreiche Pheromone regeln das Verhalten der einzelnen Ameisen untereinander und sorgen dafür, dass der Superorganismus des ganzen Ameisenstaates reibungslos funktioniert. Spezifische Signalstoffe locken an, rekrutieren und alarmieren bei Bedarf andere Arbeiterinnen, kennzeichnen die verschiedenen sozialen Kasten und verraten, wer zum Nest gehört und wer nicht. Pheromone der Königin durchziehen das Nest und sichern ihr Monopol als Eierlegerin und Mutter der Nation. Sie unterdrücken die vollständige Entwicklung der Geschlechtsorgane bei Arbeiterinnen und verhindern auch, dass sich ihre heranwachsenden Töchter zu konkurrierenden Königinnen entwickeln. Stirbt die Königin, was nicht so häufig vorkommt, weil sie sehr alt werden kann, schwindet ihr Duft langsam: Dann werden bei vielen Arten einige der Arbeiterinnen fruchtbar. Sie können allerdings nur unbefruchtete Eier legen, aus denen sich dann ausschließlich Männchen entwickeln. Obwohl durch spezielle Ernährung aus einer der noch vorhandenen weiblichen Larven eine Ersatzkönigin aufgezogen werden könnte, tun die Ameisen das ge-

— Leben in der Gemeinschaft

Ein Ameisenhügel wie dieser der Kahlrückigen Waldameise (*Formica polyctena*) beherbergt einen gut organisierten Staat mit Zehntausenden von Staatsbürgerinnen.

— **Mutter der Nation**

Ameisenköniginnen unterscheiden sich vom gemeinen Volk vor allem durch ihre Größe, bei der Haarigen Holzameise (*Camponotus vagus*) 14 – 16 mm, während die Arbeiterinnen mit 6 – 12 mm wesentlich kleiner sind. Die wichtigste Aufgabe der Königin: Eier legen und dadurch für neue Staatsbürgerinnen sorgen.

— **Arbeiterinnen**

Nahrungsbeschaffung, Kinderpflege und Bauunterhalt sind die wichtigsten Jobs der Arbeiterinnen. Hier sind Schwarze Wegameisen (*Lasius niger*) mit Ameisenpuppen beschäftigt.

wöhnlich nicht. Der Staat stirbt langsam aus. Bei Arten mit mehreren Königinnen im Nest ist der Staat dagegen potenziell unsterblich. Dazu gehört zum Beispiel die Kleine Rote Waldameise (*Formica polyctena*). Bei ihr regieren zahlreiche (bis mehrere tausend) Königinnen. Damit auch regelmäßig Königinnen-Nachwuchs entsteht, ziehen sich die regierenden Königinnen im Frühjahr in den kühlen Keller des Nestes zurück. Das lässt ihren Duft in den oberen Etagen schwinden und ermöglicht dort dann die Entstehung neuer Königinnen, die aus etwas größeren Eiern bei spezieller Pflege entstehen. Das klappt allerdings nur, wenn die Königinlarven bei hoher Nesttemperatur von jungen, erst einmal überwinterten Arbeiterinnen mit Drüsensekreten gefüttert werden. Herrscht dagegen Nahrungsmangel, teilen die Prinzessinnen das Los der Masse und wachsen zu Arbeiterinnen heran.

Hergestellt werden die Pheromone in Duftdrüsen, von denen bei Ameisen bis jetzt etwa 38 Typen bekannt sind, und sie wirken in unvorstellbar geringen Konzentrationen (das kennen wir schon aus dem vorigen Abschnitt). Bei der Schwarzen Feuerameise (*Solenopsis richteri*) löst noch eine Menge von 10^{-14} Gramm pro Quadratzentimeter eines solchen Botenstoffes Spurfolgeverhalten aus. Mit einem Gramm dieses Stoffes ließe sich eine Strecke von einer Milliarde Kilometer Länge markieren. Das reicht über 22 000-mal um die Erde oder gut dreimal zur Sonne und zurück! Kopfstarke Ameisenstaaten haben einen großen Nahrungsbedarf. In der ganzen Umgebung sind Kundschafterinnen unterwegs. Stößt eine von ihnen auf eine ergiebige Nahrungsquelle, legt sie eine chemische Spur, auf der bald dichter Verkehr herrscht. Weil alle Ameisen gleich schnell unterwegs sind, keine bremst oder drängelt und zu überholen versucht, fließt der Verkehr auf solchen Ameisenstraßen ziemlich gleichmäßig – ganz anders als auf unseren Autobahnen, wo das individuell verschiedene Fahrverhalten eine der Hauptursachen für die Entstehung von Staus ist. Hier könnten wir von den Ameisen lernen!

Nestspezifische Duftmischungen sorgen dafür, dass man nicht aus Versehen an einer Straßenkreuzung falsch abbiegt und in einem fremden Nest landet. Die Folgen wären fatal, denn dort wird man als fremd erkannt und entsprechend behandelt. Im anonymen Ameisenstaat erlaubt eine „Ausweiskontrolle" anhand des Koloniegeruchs eine schnelle und effektive Entscheidung über die Staatsangehörigkeit. Ameisen, die sich begegnen, überprüfen ihren Koloniegeruch gegenseitig in Blitzesschnelle. Ohne stehen zu bleiben, berühren sie sich in einer weitgehend festgelegten Bewegungsfolge mit den Fühlern, und identifizieren ihr Gegenüber als Freundin oder Feindin. Die „Duftuniform" besteht aus selbst produzierten und angenommenen Komponenten. Neben eigenen und aus der Umwelt aufgenommenen Stoffen sind die Düfte der Königin besonders wichtig. Sie werden von den Arbeiterinnen beim Füttern und bei der gegenseitigen Körperpflege weitergegeben. Vermutlich entsteht dadurch eine spezifische Mischung aus Kohlenwasserstoffen, die sich im wachsähnlichen äußersten Überzug der Cuticula gut lösen. Solange der Duft

— Ameisenstraßen

Durch Düfte markiert ziehen sich Ameisenstraßen durch die Umgebung des Nestes. Hier wird offensichtlich gefährliches Terrain durchquert und der Verkehrsstrom beiderseits durch verteidigungsbereite Ameisen geschützt.

stimmt, ist alles gut. Selbst tote Ameisen werden erst aus dem Bau geschafft, wenn Zersetzungsgerüche nach ein bis zwei Tagen ihren Koloniegeruch überlagern. Dann werden sie auf dem Abfallhaufen der Kolonie deponiert. Auch dieses Verhalten wird nach Ameisenart durch einen chemischen Befehl ausgelöst. Markiert man eine quicklebendige Ameise mit Ölsäure, dem chemischen Wort für „Leiche", wird sie gepackt und findet sich wenig später auf dem Friedhof wieder. Erst wenn sie sich ordentlich geputzt hat, ist sie wieder willkommen. Ein im Versuch sauber gereinigter Ameisenkadaver, der nicht mehr nach Leiche müffelt, stört dagegen niemanden und wird nicht entsorgt.

Ameisen sind wehrhaft und wissen sich mit Bissen oder Stichen gut zu verteidigen. Natürlich wird auch die Verteidigung über chemische Signale organisiert. Die Weberameise *Oecophylla longinoda* warnt ihre Nestgenossinnen mit einem ganzen Wirkstoff-Cocktail vor drohenden Gefahren. Die flüchtigsten Bestandteile breiten sich schlagartig aus und machen innerhalb weniger Sekunden Ameisen im Umkreis von zehn Zentimetern aufmerksam. Durch eine weniger leicht verdunstende Komponente werden gleichzeitig die Kolleginnen im nächsten Umkreis von fünf Zentimetern angelockt. Zwei weitere Bestandteile des Duftstoffes lösen in der unmittelbaren Nachbarschaft das Zubeißen aus – also dort, wo sich neben der Warnerin meist auch die Gefahrenquelle befindet.

Gefahren lauern viele, und keine geringe geht von anderen Ameisen aus. Manche Arten haben sich sogar darauf spezialisiert, andere zu überfallen. Die Ameri-

— **Begegnungen**

Zwei Haarige Holzameisen (*Camponotus vagus*) treffen sich. Freundinnen oder Feindinnen? Das wird durch schnelles Überprüfen des jeweiligen chemischen „Ausweises" geklärt.

— **Starke Beißer**

Die kräftigen Mandibeln der Ameisen (hier Rossameise, *Camponotus*) gehören zu ihren wichtigsten Werkzeugen beim Beute machen, bei der Verteidigung, beim Transport von Material und beim Nestbau.

kanische Sklavenameise (*Temnothorax americanus* [bis vor kurzem *Protomognathus americanus*]) lebt in Kleinstaaten: eine Königin, wenige Arbeiterinnen und um die 30 Sklavinnen. Letztere erledigen alles, was anfällt: Brutpflege, Putzdienste sowie Futtersuche samt Fütterservice. Nur fortpflanzen können sie sich nicht, weshalb immer neue Raubzüge nötig sind, um Nachschub an Sklavinnen zu beschaffen. Dazu werden Scouts ausgeschickt, die Nester von anderen *Temnothorax*-Arten in hohlen Nüssen oder am Boden liegenden ausgehöhlten Zweigen suchen. Ein erfolgreicher Scout rekrutiert dann zuhause ein Überfallkommando, das die Wirtsameisen trotz erheblicher Überzahl tötet oder in die Flucht schlägt. Ziel der Begierde sind die zurückgelassenen Puppen. Sie werden ins eigene Nest gebracht. Die daraus schlüpfenden Ameisen werden mit den nesteigenen Duftstoffen markiert. Fortan fügen sie sich ihrem Sklavinnenschicksal, allerdings nicht ganz klaglos. Als Zeichen der Rebellion vernachlässigen oder töten sie immer wieder einen erheblichen Anteil – im Mittel die Hälfte – der Puppen ihrer Sklavenhalter.

Viele Sklavenhalter unter den Ameisen haben sehr kräftige dolchförmige Kiefer, mit denen sie jede Gegenwehr im überfallenen Staat brutal ersticken. Es geht aber auch raffinierter: *Formica subintegra* ver-

— **Erwischt!**

Beim Versuch, eine Ameise zur Übergabe von Futter zu bewegen, wurde der Glanzkäfer *Amphotis marginata* eben enttarnt. Macht nichts – er zieht sich unter seinen Panzer zurück und ist damit unangreifbar.

sprüht in den Nestern der Überfallenen eine Mischung verschiedener Pheromone, die den echten Alarmpheromonen ihrer Opfer so stark gleicht, dass tatsächlich Alarm ausgelöst wird. Die Angreifer setzen den Alarmstoff aus riesigen Drüsen in so hoher Konzentration frei, dass er sich nicht wie gewohnt schnell verflüchtigt. Das versetzt die Angegriffenen in eine chronische hektische und chaotische Aktivität, wohingegen die der anfänglichen Alarmierung normalerweise folgenden gezielten Abwehrmaßnahmen unterbleiben. Gleichzeitig wirkt das Duftgemisch anziehend auf die Angreifer, die dann leichtes Spiel haben.

Man muss nicht nach Amerika reisen, um auf Sklavenhalter zu treffen. Die Amazonenameisen (*Polyergus rufescens*) besiedeln warme Gebiete in Mittel- und Südeuropa. Sie betreiben das Geschäft in großem Stil, ziehen mit Armeen von Hunderten von Tieren los und erbeuten im Lauf eines Sommers Zehntausende von Puppen aus Nestern der Ameisengattung *Formica*. Wer sich ihnen in den Weg stellt, wird durch einen Biss der besonders scharfen Mandibeln getötet. Die meisten

— **Chemische Mimikry**

Die räuberischen Larven der Schwebfliegen-Gattung *Microdon* leben unbehelligt in Ameisennestern. Sie haben eine chemische Tarnkappe und werden von den Ameisen nicht als fremd erkannt.

— **Unbeliebter Gast**

Als Imago muss die Ameisen-Schwebfliege *Microdon* aufpassen: Sie wird von den Ameisen attackiert.

Nestbewohner werden aber von einem Propagandapheromon der Angreifer in die Flucht geschlagen. Die Vernichtung der Überfallenen liegt ja eigentlich nicht im Interesse der Sklavenjäger. Das würde auf Dauer den Nachschub gefährden, von dem sie vollkommen abhängig sind. Sie brauchen die Sklavinnen unbedingt, müssen von ihnen sogar gefüttert werden, weil sie zur eigenständigen Nahrungsaufnahme nicht in der Lage sind. Um neue Staaten zu gründen, kapern Amazonenameisen einfach fremde Nester. Junge Königinnen schleichen sich nach dem Hochzeitsflug (S.33) in das Nest von *Formica*-Arten und ermorden die Königin. Fortan sind sie es, die das Monopol zum Eierlegen haben. Die Arbeiterinnen ziehen den Nachwuchs der fremden Königin auf, sodass es im Lauf der Zeit zum kompletten Bevölkerungstausch kommt.

Solche Geschichten machen das Resümee der beiden „Ameisenpäpste“ Edward Wilson und Bert Hölldobler verständlich, die über die Tiere, denen sie ihr ganzes Forscherleben gewidmet haben, sagen: „Mit ihren organisierten Bosheiten übertreffen sie bei weitem uns Menschen“!

Aber selbst Ameisen können ausgetrickst werden. Ein ganzes Heer von Sozialparasiten versucht, an den Segnungen ihres gut organisierten Gemeinwesens teilzuhaben. Manche warten als eher harmlose Bettler oder auch als Räuber am Straßenrand. Der Glanzkäfer *Amphotis marginata* passt neben den duftmarkierten Straßen der Glänzendschwarzen Holzameise (*Lasius fuliginosus*) mit honigtaugefülltem Kropf nach Hause eilende Arbeiterinnen ab. Mit seinen Fühlern trommelt er dann auf den Ameisenkopf genau das Signal, das die Ameisen selbst untereinander verwenden, wenn sie sich zur Übergabe von Futter auffordern. Wird der Betrug bemerkt, stört das den Glanzkäfer wenig. Er zieht Beine und Fühler unter den breiten Rücken und krallt sich am Boden fest. Dermaßen geschützt können ihm die Ameisen nichts anhaben. Die australische Raubwanze *Ptilocnemus lemur* hat es auf die Ameisen selbst abgesehen. Sie macht einzelne Ameisen neugierig, indem sie mit einem der lang und dicht behaarten Hinterbeine winkt. Nähert sich eine, wird sie weiter angezogen: Aus Drüsen an der Unterseite sondert die Wanze ein Pheromon ab, dem die Ameise nicht widerstehen kann. Steigt der Duft ihr in die Nase (oder besser: in die Fühler). nähert sie sich der Wanze mehr und mehr. Schließlich leckt sie das sedierende Sekret direkt vom Bauch der jetzt aufgerichteten Wanze, die sie mit einem Stich mit dem Rüssel in den Nacken schließlich tötet.

Andere wagen sich direkt in die Höhle des Löwen. Das geht allerdings nur, wenn man den Ameisenausweis fälscht, ihren Koloniegeruch also. Die Larven der Schwebfliegengattung *Microdon*, zentimetergroße merkwürdig aussehende Maden mit einer schneckenartigen Kriechsohle, fressen Ameisenbrut, ohne dass sie von den Ameisen behelligt werden. Sie werden einfach nicht bemerkt, weil ihre Oberfläche mit dem Nestgeruch der Ameisen imprägniert ist – ein Fall von chemischer Mimikry. Noch viel raffinierter nutzt der Kurzflügelkäfer *Lomechusa pubicollis* (bis vor kurzem *Atemeles pubicollis*) das Sozialsystem der Ameisen aus. Er lässt sich von den Ameisen-Arbeiterinnen sogar versorgen! Das funktioniert, weil die Bettelbewegungen der Käferlarven denen der jungen Ameisen gleichen; größer und energischer als die Kinder ihrer Wirte, schaffen es die Käfer sogar, sich einen besonders großen Anteil zu sichern. Nebenher vergreifen sie sich auch noch an der Ameisenbrut. Dass sie selbst vor Kannibalismus nicht zurückschrecken, wenn sie einander in der Tiefe des Baues begegnen, lässt ihre Zahl (zum Glück für die Ameisen) nicht allzu sehr ansteigen. Chemische Signale sorgen dafür, dass die Käferlarve auch in anderer Hinsicht von den Ameisen ganz als eigenes Kind betrachtet wird. Sie wird leckend gesäubert und, hat man sie versuchsweise entfernt und vor dem Nesteingang abgelegt, wieder eingesammelt und in den Bau getragen. Auch der Käferlarve ist es also gelungen, den chemischen Code der Ameisen zu knacken und ihren Ausweis zu fälschen. Aber die Käfergeschichte ist hier noch nicht zu Ende. Irgendwann im Sommer verpuppen sich die Larven und der fertige Käfer schlüpft. Jetzt folgt ein Umzug. Während die Larve in Nestern der Ameisengattung *Formica* aufwächst, zieht der Käfer zur Gattung *Myrmica*. Bei *Formica* gibt's nämlich im Winter nichts mehr zu holen, weil die Ameisen in der Zeit keine Larven großziehen. *Myrmica* dagegen schon. *Lomechusa* folgt den *Myrmica*-Duftspuren bis vor das Nest der neuen Gastfamilie. Jetzt lässt der Käfer seinen ganzen chemischen Charme spielen: Eine „Besänftigungsdrüse", deren Sekrete von der Ameise aufgeleckt werden, dämpft Aggression. Sekrete aus „Adoptionsdrüsen" bringen die Ameisen dazu, den Käfer als zugehörig anzuerkennen und in ihr Nest zu tragen. Und eine „Wehrdrüse" wird eingesetzt, falls es einmal nicht wie geplant funktioniert. Dazu kommen die nötigen Gesten: Fühlertrillern gleich bei der ersten Begegnung, später auch Aufforderung zum Füttern. Auf die gleiche Weise gelingt auch der erneute Umzug im nächsten Jahr. Jetzt muss sich der Käfer wieder in ein *Formica*-Nest schmuggeln, wo er schließlich seine Eier legt – insgesamt ein faszinierendes Beispiel dafür, wie die ausgefeilte Kommunikation der Ameisen mit ihren eigenen Mitteln geschlagen wird.

Die Kontrollsysteme der Ameisen zu unterlaufen ist schwierig, aber nicht unmöglich.

— König der Schmarotzer

Dem muss man einfach Respekt zollen: Keiner nutzt das Sozialsystem der Ameisen so raffiniert aus wie der Kurzflügelkäfer *Lomechusa pubicollis* (links)!

GUTER GESCHMACK

Der Geschmackssinn ist, im Gegensatz zum Geruchssinn, immer ein Nahsinn. Die zu testenden Substanzen müssen direkten Kontakt mit den Sinneszellen haben. Bei Insekten dient der Geschmackssinn hauptsächlich dazu, Fressbares zu erkennen und von Ungenießbarem zu unterscheiden. Außerdem testen sie auch den richtigen Eiablageort. Viele Insektenlarven entwickeln sich zum Beispiel nur an oder in bestimmten Futterpflanzen, die natürlich von der treusorgenden Mutter erst erkannt werden müssen. Schließlich scheinen bei sozialen Insekten nicht nur Düfte, sondern auch der Geschmack eine Rolle bei der Kommunikation zu spielen und vielleicht helfen Geschmacksstoffe gar bei der Artbestimmung. Dieses Problem stellt sich ja nicht nur dem Entomologen, der Millionen von Arten auseinanderhalten muss, sondern auch den Insekten selbst, die sich zunächst als artgleich erkennen müssen, bevor sie sich näher aufeinander einlassen. Die für den Geschmackssinn der Insekten zuständigen Sinnesorgane befinden sich überwiegend in der Nähe des Mundes – verständlich angesichts ihrer Hauptaufgabe als Nahrungsmittelkontrolleure. Meist sind es dünne Haare, deren äußerste Spitze chemisch reizbar ist. Bei der Schmeißfliege *Phormia regina* hat ein solches Geschmackshaar meist fünf ableitende Nerven: einer registriert die Biegung des Haares, dient also dem Tastsinn, ein weiterer spricht auf Zucker an, ein dritter auf Wasser, ein vierter und fünfter ist empfindlich für Salze und verschiedene andere Substanzen. Insekten können also ähnlich den Wirbeltieren verschiedene Geschmacksqualitäten unterscheiden. Aber es gibt natürlich auch Unterschiede: Chinin, ein Bitterstoff, den Menschen nur in sehr geringer Dosierung in Getränken angenehm finden, kann Bienen auch in hoher Konzentration nicht davon abhalten, ihr Zuckerwasser zu trinken. Geschmackshaare können (wie der Geruchssinn) auf den Antennen liegen, auf den die eigentliche Mundöffnung umstehenden Mundwerkzeugen, auf dem Ovipositor, dem Eilegeapparat also, oder auf den Endgliedern der Beine. Ganz praktisch für die Fliege, die auf dem Kuchenstück landet: Schon ihre Füße informieren sie darüber, dass es sich hier lohnt, den Rüssel auszufahren.

— **Schmackhaft?**

Diese Frage beantwortet eine Stubenfliege (*Musca domestica*) mit den Füßen.

NICHTS IST SICHER

Alles wird verwertet

In allen Land-Ökosystemen sitzen Insekten an entscheidenden Stellen der Nahrungsnetze. Pflanzenfresser werden dabei von Jägern und Parasiten in Schach gehalten.

— **Endstation...**

... für den Kleinen Schmalbock (*Stenurella melanura*). Die Rote Mordwanze (*Rhynocoris iracundus*) hat zugeschlagen. Der Stich mit dem kräftigen Stechrüssel war tödlich für den Käfer. Anschließend saugt die Wanze ihre Beute aus.

VEGETARIER

„Und sie werden den Boden des Landes bedecken, und man wird das Land nicht mehr sehen können, und sie werden den Rest, der verschont und vom Hagel übrig geblieben ist, auffressen und alle Bäume kahlfressen, die euch auf dem Feld wachsen“ – so wird in der Bibel (Exodus 10.5) die achte der zehn Plagen angekündigt, mit denen das Ende der Versklavung der Israeliten in Ägypten erzwungen werden sollte. Bis heute hat sie von ihrem Schrecken kaum etwas verloren. Die Schwärme der Wanderheuschrecken (*Schistocerca gregaria*) können mit Milliarden von Tieren hunderte von Quadratkilometern bedecken und in wenigen Tagen kahlfressen. Normalerweise leben die großen Hüpfer einzeln und unauffällig in den nordafrikanischen Trockengebieten. Richtig gut geht es ihnen, wenn Regen fällt und frisches Grün sprießt. Unbegrenzt zu fressen fördert hemmungslose Vermehrung. Die Heuschrecken ändern dann ihr Verhalten und ihr Aussehen. Sie sammeln sich jetzt in großen Gruppen. Vorher eher unauffällig gefärbt sind sie jetzt richtig bunt. Wird das Futter knapp, machen sie sich auf den Weg. Zunächst als Larven zu Fuß, nach der fünften Häutung zur Imago auch in der Luft. Auf der Suche nach neuen Nahrungsgründen legen sie aktiv fliegend und vom Wind verweht oft riesige Strecken zurück. Landen sie, ist es eine Katastrophe für die Menschen in den ohnehin armen, von Kriegen und Klimawandel erschütterten Ländern Nordafrikas.

Pflanzen fressen ist eigentlich eine gute Idee mit zahlreichen Vorteilen: Gegenüber der Biomasse von Tieren ist die von Pflanzen um ein Vielfaches höher. Nach einer aktuellen Schätzung (2018) entfallen etwa 82 % der globalen Biomasse auf Pflanzen, knapp 15 %

— Die achte Plage

Wo Wanderheuschrecken (*Schistocerca gregaria*) im Schwarm einfallen, steht anschließend nichts Grünes mehr.

auf Bakterien, Archaeen und Protisten (Einzeller mit Zellkern) und gut 2 % auf Pilze. Die Tiere kommen mit 0,3 % erst unter „ferner liefen“. Die Insekten mit all ihren vielen Arten und Individuen fallen tatsächlich in der globalen Biomasse kaum ins Gewicht.

Zwar stecken 70 % der pflanzlichen Biomasse in Baumstämmen, die kaum gefressen werden (zumindest, solange die Bäume gesund sind), aber insgesamt stehen auch dann noch Pflanzen in weit größerem Maß als Nahrung zur Verfügung als alles andere. Deshalb stürzt sich auch ein Heer von Insekten darauf. Schätzungsweise 500 000 Insektenarten sind phytophag (griech. phyton = Pflanze, phagein = essen). Dabei gibt es zwei unterschiedliche Ess-Techniken. Die einen benagen mit beißend-kauenden Mundwerkzeugen Blätter, Stängel, Früchte, Samen oder Wurzeln. Die anderen stechen mit spitzen Rüsseln die Leitbahnen der Pflanzen an und saugen süße Säfte. Oft sind es die Larven, die Blätter und Früchte fressen – denken Sie an Schmetterlingsraupen oder die „Würmer“ im Apfel oder der Haselnuss – während die Imagines sich häufiger an Pollen und Nektar halten. Pflanzenfresser finden sich insbesondere bei den Käfern, den Hautflüglern, den Heuschrecken, den Wanzen und Pflanzenläusen, den Zweiflüglern sowie einigen kleineren Gruppen. Allein die Familie der Rüsselkäfer im engeren Sinn (Familie Curculionidae) umfasst sagenhafte 51 000 bekannte Arten. Das ist ungefähr so viel wie alle Wirbeltiere zusammen! Aktuell kennt man etwa 54 000 Arten von Fischen, Amphibien, Reptilien inklusive Vögel und Säugetieren. Angesichts der Dunkelziffer bei den Insekten ist zu erwarten, dass allein die Familie der Rüsselkäfer die Wirbeltiere demnächst überholen wird.

Dem Vorteil des reich gedeckten Tischs steht allerdings ein gravierender Nachteil gegenüber: Die vegetarische Kost ist nicht sehr nahrhaft. Pflanzen bestehen zum großen Teil aus Stoffen wie Cellulose und Lignin, die schwer verdaubar sind. Nur wenige Insekten, wie zum Beispiel Termiten, können das Enzym Cellulase bilden, mit dem sich die stabile Cellulose knacken lässt. Der Ausweg ist eine Kooperation mit

— Durchlöchert

Obwohl der Ameisenbaum (*Cecropia*) von Ameisen, die sich in seinen Hohlräumen einnisten, verteidigt wird, haben ihm blattfressende Insekten ziemlich zugesetzt.

— Ein Heer von Pflanzenfressern

Allein die Familie der Rüsselkäfer (Curculionidae) umfasst über 50 000 Arten, allesamt auf Pflanzennahrung spezialisiert. Die Larven des Gewöhnlichen Eichelbohrers (*Curculio glandium*) fressen unreife Eicheln aus und hinterlassen beim Verlassen kleine kreisrunde Löcher. Der nahe verwandte Haselnussbohrer macht dasselbe bei Haselnüssen.

Mikroorganismen, die Cellulose und Lignin soweit zerlegen, dass sie von den Insekten verwertet werden können. Im Darm von holzfressenden Termiten erledigen das zum Beispiel sehr effektiv eine Vielzahl von Bakterien, Archaeen und Protisten. Als Bioreaktor fungiert ein verlängerter und gekammerter Enddarm.

Pflanzensäfte saugende Insekten umgehen dieses Problem, indem sie leicht Verdauliches aus den Saftbahnen der Pflanzen zapfen oder Zellinhalte schlürfen. Blattläuse senken ihre spitzen Saugrüssel bevorzugt in das Phloem, die oberflächennahe Schicht, in der die Pflanze zuckerhaltige Säfte transportiert. (Die Wasserleitungen liegen weiter innen.) Reglos saugen sie, die Leiber prall gefüllt, während am Hinterende immer wieder ein heller Tropfen zuckrigen Honigtaus ausgeschieden wird. Sitzt man lesend unter einem stark verlausten Baum, hört man ein leises Rieseln, verursacht von einem sanften Zuckersaft-Regen. Wer sein Buch nicht rechtzeitig zugeklappt hat, kriegt es später nie wieder auf, weil die Seiten zusammenkleben. Ringsum sind Fliegen und andere Insekten damit beschäftigt, den alles überziehenden Honigtau von den Blättern zu tupfen. Geschäftige Ameisen warten ungeduldig schon direkt an der Quelle darauf. Oft provozieren sie die Abgabe der Tropfen auch, indem sie den Leib der Laus mit den Fühlern streicheln. Der Zucker aus dem Honigtau ist eine wichtige Energiequelle für die Ameisen.

1

2

1 — Saftsauger

Beeinträchtigungen durch Zuckersaft anzapfende Insekten sind weniger offensichtlich als Blattfraß, können die Pflanze bei starkem Befall aber ebenfalls empfindlich schwächen. Von der Abgabe überflüssigen Zuckersafts durch Blattläuse („Honigtau") profitieren viele Insekten. Ameisen nutzen Blattlauskolonien systematisch. Hier warten zwei Haarige Holzameisen (*Camponotus vagus*) auf die Abgabe von Honigtau.

2 — Perfekt getarnt

Nicht nur die Farbe, auch die Feinstruktur der Oberfläche macht die Raupe des Roten Ordensbands (*Catocala nupta*) optisch zum Ästchen.

1 — Gespensterbaum

Tausende von Raupen der Pfaffenhütchen-Gespinstmotte (*Yponomeuta cagnagella*) haben ganze Arbeit geleistet. Ihr Gespinst macht aus dem Pfaffenhütchen einen Gespensterbusch.

2 — Klein, aber chic

Im Gegensatz zu den Gespinsten fallen die recht kleinen Imagines der Traubenkirschen-Gespinstmotte (Spannweite höchstens 2,5 cm) weniger auf.

3 — Eingesponnen

Im Schutz ihres Gespinstes können Traubenkirschen-Gespinstmotten (*Yponomeuta evonymella*) im Frühjahr ganze Bäume vollständig entblättern und sind gleichzeitig vor Vögeln und Parasitoiden sicher. Die Bäume schlagen anschließend frisch aus.

Warum diese maßlose Verschwendung? Der Grund ist die unausgewogene Komposition der Nährstoffe im Pflanzensaft. Viel zu viel Kohlenhydrate, viel zu wenig Stickstoff. Um ihren Stickstoffbedarf zu decken, muss die Laus eine Riesenmenge Pflanzensaft filtern. Die dabei anfallenden überschüssigen Kohlenhydrate gibt sie ab – zur großen Freude der Ameisen. Diese revanchieren sich, indem sie ihre „Zuckerkühe" gegen Feinde wie Marienkäfer- oder Schwebfliegenlarven verteidigen, die sich nur allzu gern über die wehrlosen Läuse hermachen (S. 193). Überhaupt sind viele der Pflanzenfresser kaum agiler als ihre Nahrung, und nicht jeder hat so gute Bodyguards wie die Blattläuse. Viele Larven machen sich unsichtbar, indem sie sich farblich und/oder mit ihrer Gestalt dem Untergrund anpassen (Mimese, S. 56). Andere wehren sich mit langer Behaarung gegen das Gefressenwerden. Wieder andere seilen sich blitzschnell an seidenen Fäden ab oder verfallen in wilde Zuckungen, die Angreifer verblüffen und abschrecken können. Sehr effektiv schützen sich auch die Gespinstmotten. Das Gemeinschaftswerk von Abertausenden von Gespinstmotten (*Yponomeuta*), deren Geflecht ganze Bäume einhüllen können, erinnert an die Verpackungskunst des Reichstagsverhüllers Christo. Noch weniger kann einem im Inneren der Pflanze passieren. Viele äußerlich unversehrte Blätter zeigen, gegen das Licht gehalten, charakteristische Fraßgänge im Inneren. In diesen Minen leben und fressen Insektenlarven von Vögeln weitgehend unbehelligt. Befürchten müssen sie jetzt nur

— **Schlangenlinien**

Fraßspuren mehrerer Obstbaumminiermotten (*Lyonetia clerkella*) im Inneren eines Blattes. Die Larven sitzen ganz vorne in den Gängen, die hinter ihnen vom Kot der Raupen dunkel gefärbt sind.

noch, dass sie von einem parasitoiden Insekt entdeckt werden (S. 197). Noch exklusiver ist es, in einer Pflanzengalle zu wohnen. Dabei manipuliert das Insekt (meist die Larve) das Wachstum der Pflanze in seinem Sinn und erschafft sich dadurch einen optimalen Lebensraum (im Sinne des Wortes).

Ganz so wehrlos, wie es den Anschein hat, sind Pflanzen nicht. Viele schützen sich mit giftigen Inhaltsstoffen vor ihren Feinden. Zahlreiche auch von uns pharmazeutisch genutzte sekundäre Pflanzenstoffe – Alkaloide, Gerbstoffe, ätherische Öle – haben vor allem einen Zweck: Sie sollen Fraß verhindern. Dazu schmecken sie schlecht oder sind sogar giftig, so wie das Nikotin, mit dem sich die Tabakpflanze (*Nicotiana*) zur Wehr setzt. Einen allerdings schreckt das nicht ab: Der Tabakschwärmer (*Manduca sexta*) kümmert sich nicht groß ums Nikotin und legt seine Eier gezielt an den Tabak. Für ihn hat das zwei Vorteile. Der eine: Es gibt keine Konkurrenz, weil sich sonst niemand traut. Tatsächlich vermeiden die Falter sogar, Eier an Pflanzen zu legen, an denen bereits Tabakschwärmerraupen fressen – es könnte dann für den eigenen Nachwuchs zu wenig da sein. Ob das der Fall ist, meldet ihnen die Pflanze per Duftstoff selbst. Darüber hinaus erschnuppern die Falter mithilfe eines spezifischen Rezeptors auf den Antennen auch den Geruch von Tabakschwärmerraupenkot und fliegen dann weiter zur nächsten Pflanze. So stellen sie sicher, dass ihre Kinder später genügend zu fressen haben. Der zweite Vorteil: Die bis zu 7 cm großen Raupen werden durch den Konsum von Tabak selbst ungenießbar für die meisten Feinde. Ein spezielles Gen versetzt sie in die Lage, das Nikotin chemisch zu entschärfen. Ein kleiner Teil davon gelangt aber vom Darm in die Hämolymphe und wird dort wieder in die giftige Ausgangsform zurück verwandelt. Über das Tracheensystem und dessen Öffnungen, die Stigmen, wird dieses Nikotin ausgeatmet und schützt die Raupe vor Angriffen durch Spinnen.

Das Verhältnis der beiden Antagonisten ist durchaus ambivalent, denn der Schwärmer ist für die Pflanze als Bestäuber auch von großem Nutzen. Da er nachts

— Rosenapfel

Schneidet man die an Rosenzweigen wachsenden runden wuscheligen Wucherungen auf, trifft man im Inneren auf die Larven der Gemeinen Rosengallwespe (*Diplolepis rosae*).

— Winzig

Wie klein die Eichen-Schwammgallwespe (*Biorhiza pallida*) ist, lässt sich im Vergleich mit der Eichenknospe erahnen, in die sie gerade ihre Eier legt. Später bilden sich dort etwas ungleichmäßig runde, wenige Zentimeter große braune Gallen, in denen sich die Larven entwickeln.

— Langer Trinkhalm

Der Tabakschwärmer (*Manduca sexta*) tankt mit seinem Rüssel Nektar aus den engen, langen Blütenkelchen des Tabaks.

— Eifriger Tabakkonsument

So wichtig der Tabakschwärmer als Bestäuber ist, so unerwünscht sind seine Raupen, die sich ungeachtet des giftigen Nikotins von Tabakblättern ernähren.

fliegt, blüht auch der Tabak nachts. Blütenduft zieht die Falter an. Der Tabak produziert einen Lockstoff, auf den die Sinneszellen am langen Saugrüssel des Schwärmers anspringen. Mit diesem holt er Nektar aus den tiefen schmalen Röhren der Tabakblüten und bestäubt die Pflanze dabei. Nach vollbrachter Bestäubung soll sich der Schmetterling aber bitteschön wieder vom Acker machen. Jetzt duften nicht mehr die Blüten, sondern die Blätter, und der Adressat ist nicht mehr der Schmetterling, sondern Raubwanzen der Gattung *Geocoris*, die Jagd auf frisch geschlüpfte Räupchen machen.

Die Tabakpflanze verlässt sich aber nicht allein auf fremde Hilfe, sondern bekämpft den lästigen Schwärmer, der ihre Nikotinabwehr so erfolgreich unterlaufen hat, auch selbst. Wird ein Blatt angeknabbert, schüttet es Diterpen-Glykoside aus. Diese greifen die Zellmembran an, sind also auch für die Pflanze selbst gefährlich. Durch einen kleinen chemischen Kunstgriff werden sie aber entschärft und in einer ungiftigen Form gespeichert. Erst im Darm der Raupe werden sie scharf geschaltet und entfalten eine tödliche Wirkung.

Die chemische Abwehr des Tabaks greift mit Verzögerung. In den ersten Tagen erleiden die Blätter durch die winzigen Bisse der jungen Larven noch keinen ernsthaften Schaden. Bevor die Raupen dann aber so richtig loslegen – sie können in drei Wochen bis zur Verpuppung über 90 % der Blattmasse vertilgen – fährt die Pflanze die Produktion von Giftstoffen hoch. Das dauert ein paar Tage, dann aber wird es für die Raupen sehr ungemütlich. Statt sich vergiften zu lassen, ziehen sie lieber um und fallen über eine in der Nähe stehende Tabakpflanze her. Diese ist völlig unvorbereitet und wird von den nun ins richtig gefräßige Wachstumsstadium gekommenen Raupen ordentlich abgefressen, bevor sie ihrerseits reagieren kann. Tja, auch Pflanzen sind nicht immer nett zueinander...

JÄGER

Wenn Insekten auf die Jagd gehen, müssen sich vor allem andere Insekten fürchten. Räuberische Insekten gehören damit zu den wichtigsten Gegenspielern und unseren besten Verbündeten im Kampf gegen solche, die wir als „Schädlinge“ betrachten. So wie der Große Puppenräuber (*Calosoma sycophanta*), ein flugfähiger Laufkäfer, der auf Bäumen Schmetterlingsraupen jagt. Massenvermehrungen von Schwammspinnern (*Lymantria dispar*) und Prozessionsspinnern (z.B. *Thau-*

metopoea processionea) kann er zwar nicht verhindern, aber abpuffern. Letztere breiten sich im Zusammenhang mit dem Klimawandel stark aus und stellen uns durch ihre vom Wind verwehten, Allergien verursachenden Haare vor so große Probleme, dass manche Waldstücke gesperrt und einzelne Bäume sogar gezielt abgefackelt werden.

Unter dem Heer von Insekten, das hinter Blattläusen her ist, stehen die Larven von Schwebfliegen, Florfliegen und Marienkäfern an vorderster Front, was schon Wilhelm Busch (1832–1908) bedichtete. Mit spitzer Feder spießte er von Max und Moritz bis zur frommen Helene alle möglichen menschlichen Schwächen auf. Seine Beobachtungsgabe begleitete ihn aber auch in den Garten. Ich wünsche alle denen, die dort allzu schnell zur Giftspritze greifen, ein wenig seiner duldsamen Gelassenheit:

Duldsam
Des Morgens früh, sobald ich mir
Mein Pfeifchen angezündet,
Geh' ich hinaus zur Hintertür,
Die in den Garten mündet.

Besonders gern betracht' ich dann
Die Rosen, die so niedlich;
Die Blattlaus sitzt und saugt daran
So grün, so still, so friedlich.

Und doch wird sie, so still sie ist,
Der Grausamkeit zur Beute;
Der Schwebefliegen Larve frißt
Sie auf bis auf die Häute.

Schlupfwespchen, flink und klimperklein,
Sosehr die Laus sich sträube,
Sie legen doch ihr Ei hinein
Noch bei lebendgem Leibe.

Sie aber sorgt nicht nur mit Fleiß
Durch Eier für Vermehrung;
Sie kriegt auch Junge hundertweis
Als weitere Bescherung.

Sie nährt sich an dem jungen Schaft
Der Rosen, eh' sie welken;
Ameisen kommen, ihr den Saft
Sanft streichelnd abzumelken.

So seh' ich in Betriebsamkeit
Das hübsche Ungeziefer
Und rauche während dieser Zeit
Mein Pfeifchen tief und tiefer.

Daß keine Rose ohne Dorn,
Bringt mich nicht aus dem Häuschen.
Auch sag' ich ohne jeden Zorn:
»Kein Röslein ohne Läuschen!«

— **Raupenjäger**

Der Große Puppenräuber (*Calosoma sycophanta*) gehört zu den wichtigsten Gegenspielern pflanzenfressender Schmetterlingsraupen auf Bäumen.

— **Furchterregende Mandibeln**

Der Rote Bunträuber (*Oxyporus rufus*), ein Käfer aus der Familie der Kurzflügler, jagt in Pilzen lebende Insektenlarven.

1

1 — Blattlausspezialisten

Blattläuse sind leicht zu erbeuten, man kann sie einfach „pflücken". Neben den Larven von Marienkäfern und Florfliegen sind die der Schwebfliegen (hier *Epistrophe melanostoma*) willkommene Helfer bei der Blattlausbekämpfung.

2 — Mobile Eingreiftruppe

Durch Blüten mit Pollen und Nektar angelockt sind Hainschwebfliegen (*Episyrphus balteatus*) schnell zur Stelle und legen Eier an Blattlauskolonien.

2

3

3 — Mordfliege

Die Gelbe Mordfliege (*Laphria flava*), mit bis zu 25 Millimetern eine der größten heimischen Raubfliegen (Asilidae), kann Beute überwältigen, die ihr an Größe kaum nachsteht. Sie startet ihre Beuteflüge von Sitzwarten aus, auf die sie anschließend gerne zurückkehrt.

Zu den „klimperkleinen Schlupfwespchen“ kommen wir später noch. Eine einzige Larve der häufigsten Schwebfliegenart *Episyrphus balteatus* erlegt in ihrer (je nach Temperatur) 8- bis 10-tägigen Entwicklungszeit bis zur Verpuppung einige hundert bis über 1000 Blattläuse. Die Imagines sind höchst mobil. Sie gehören zu den Weitwanderern, die im Frühjahr über die Alpen zu uns kommen und im Herbst wieder nach Süden ziehen (S. 85, 88). Einen durch Blumen mit Nektar und Blütenstaub attraktiven Garten finden sie sofort und ebenso schnell entdecken sie die Blattlauskolonien, an die sie ihre Eier gezielt ablegen. Die Schwebfliegenlarve, eine fußlose Made, muss nur ernten. Sie schnappt sich eine Blattlaus nach der anderen, reißt sie hoch, perforiert sie mit ihren spitzen Mundhaken, pumpt sie aus und wirft die leere Hülle beiseite. Was die anderen Blattläuse derweil machen, schildert Jean-Henri Fabre im Jahr 1903 angesichts des Fatalismus der Opfer einigermaßen fassungslos: „Keine Laus rührt sich, bis auf die von ihrer Bank gerissenen; keine ihrer Nachbarinnen lässt Unruhe erkennen. Das Leben ist nicht so ernst, dass sich eine Blattlaus erregt, um es zu bewahren. Wozu soll man sich, solange der Saugrüssel an der richtigen Stelle eingepflanzt ist, die Verdauung stören lassen, nur weil der Tod bevorsteht? … Wenn eine harpuniert wird, bleiben andere in der Flüssigkeit aus dem Bauch der Aufgeschlitzten kleben und hängen dann in Trauben an den Lefzen des Wurms. Diese werden noch verschont und befinden sich an der Schwelle der Fressmaschine – ob wenigstens sie sich etwas bemühen, davonzukommen? Keineswegs: Sie warten, bis sie beim nächsten Bissen ausgesaugt werden.“

So einfach haben es andere Jäger nicht. Libellen schnappen sich ihre Beute in der Luft, ihre langen bedornten Beine als Fangkorb benutzend. Hornissen pirschen im Suchflug von Blüte zu Blüte und stürzen sich überfallartig auf andere Insekten. Raubfliegen kontrollieren den Luftraum von Ansitzwarten aus; von dort starten sie gezielt zu Jagdflügen auf vorbeikommende Fluginsekten. Am Boden ist es kaum mög-

— Blitzschneller Überfall

Hohe Geschwindigkeiten (S. 70) kombiniert mit furchterregenden Mandibeln lassen den Opfern des Feld-Sandlaufkäfers (*Cicindela campestris*) kaum eine Chance.

— Hinterhalt

Die Larven des Dünen-Sandlaufkäfers (*Cincindela hybrida*) warten im Untergrund eingegraben auf ahnungslos vorbeikommende Insekten.

lich, dem Überfall des blitzschnell rennenden Sandlaufkäfers (*Cicindela*, S. 70) zu entkommen. Dessen weit weniger bewegliche Larven haben sich dagegen für die Wegelagerei entschieden. Sie lauern in senkrecht in den Boden getriebenen Röhren. Den Eingang tarnen sie mit dem eigenen Körper: Kopf und Thorax bilden eine Art Deckel. Nur die Antennen und die weit geöffneten Mandibeln ragen heraus. Kommt ein Insekt zufällig des Weges, wird es sofort ergriffen, in die Röhre gezogen und dort verspeist. Ähnlich gut versteckt sitzt ein Fallensteller am Grund eines in lockeren Sand selbst gegrabenen kleinen Trichters: der Ameisenlöwe, die Larve der Ameisenjungfer (*Myrmeleon*). Auch hier schauen allenfalls die als Saugzangen ausgebildeten Mundwerkzeuge aus dem Boden. Beim Bau des Trichters werden größere Steinchen einzeln herausgeschleppt. Gröberer Sand wird von feinerem durch Vibrationen der Beine getrennt und mit Schwung hinausgeworfen. Die steilen Trichterwände sind nun von feinstem Sand bedeckt, auf dem selbst leichte In-

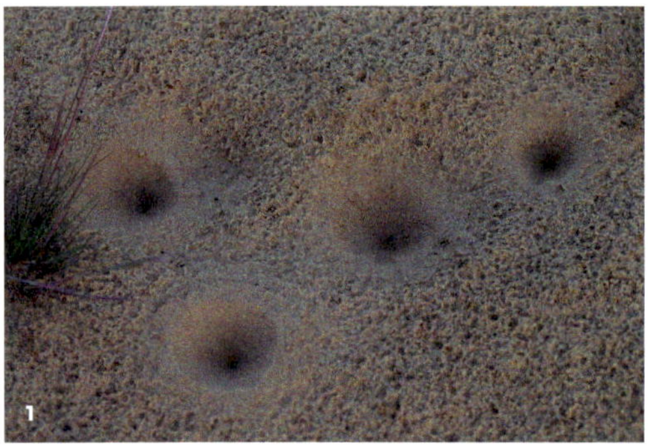

1 — Falle

Am Boden dieser wenige Zentimeter tiefen steilwandigen Trichter lauert der Tod in Form der Kieferzangen eines Ameisenlöwen.

2 — Ameisenlöwe

Die am Grund der Trichter eingegrabene Larve der Ameisenjungfer (*Mymeleon formicarium*) verpasst der Beute durch die hohlen Kieferzangen eine lähmende Dosis Gift. Anschließend werden Verdauungssäfte eingespritzt, sodass die Beute ausgesaugt werden kann.

3 — Ameisenjungfer

Sind die Flügel ausgebreitet, ähneln Ameisenjungfern (hier die Art *Megistopus flavicornis*) oberflächlich einer Libelle. Im Gegensatz zu diesen können sie die Flügel aber über dem Körper falten. Auch die Imagines ernähren sich räuberisch von kleineren Insekten.

sekten kaum Halt findet. Gerät ein Insekt in den Trichter, tritt es beim Versuch zu entkommen Sand los, worauf der Ameisenlöwe versucht, die Flucht mit einem Sand-Bombardement zu verhindern. Auf dem lockeren Boden ist kein Halten mehr, die Beute rutscht immer weiter nach unten, in Richtung der weit geöffneten Zangen, die schließlich mit einem lähmenden Giftbiss zuschnappen. Weil sie zu Fuß unterwegs sind und nicht fliegend fliehen können, erwischt es sehr häufig Ameisen – daher der Name des Raubtiers.

Die Ameisen ihrerseits gehören ebenfalls zu den Jägern. Weil sie viele sind und vieles gemeinsam machen (S. 175) sind sie besonders effektiv. Geradezu berüchtigt sind die Züge der tropischen Treiberameisen, die mit Millionen Tieren in breiter Front alles erbeuten, was nicht rechtzeitig fliehen kann. Sie überwältigen selbst kleine Wirbeltiere wie Eidechsen oder Schlangen. Vögel profitieren dagegen: Der Ameisenzug treibt eine Welle von „Rette sich, wer kann" vor sich her: Ein gefundenes Fressen für zahlreiche Vögel, die sich die aufgescheuchten Tiere schnappen und den Zug der Ameisen deshalb gerne begleiten.

PARASITEN UND PARASITOIDE

Eine komplizierte Kindheit haben nicht nur die Ölkäfer (S. 117). Ähnlich verwickelte Lebensläufe sind bei Insekten weit verbreitet, oft im Zusammenhang mit Parasitismus. Parasiten sind Arten, die sich von meist viel größeren „Wirten" ernähren. Sie können das von außen oder von innen tun und heißen dann entsprechend Ekto- oder Endoparasiten. Viele Parasiten lassen ihren Wirt möglichst lange leben – man will sich ja nicht die eigene Lebensgrundlage entziehen. Andere kalkulieren den Tod des Wirtes ein. Besonders häufig ist das, wenn der Wirt ein Insekt ist. Das ist verständlich: Angesichts der geringen Lebensspanne von Insekten bieten langfristige Wirt-Parasit-Beziehungen keine Perspektive. Endet eine Wirt-Parasit-Beziehung zwingend mit dem Tod des Wirts, spricht man nicht von Parasiten, sondern von Parasitoiden.

Besonders berüchtigt sind die Blutliebhaber unter den Insekten. Sie zählen zu den Ektoparasiten. Stechmücken, Wanzen (S. 146), Flöhe (S. 75) oder Tierläuse (S. 75) gehen Mensch und Tier mit nadelfeinen Stechwerkzeugen unter die Haut. Den Stich spürt man oft kaum, umso mehr nervt das Jucken als Nebenwirkung des gerinnungshemmenden Speichels. Bremsen gehen dagegen eher grobmotorisch vor. Sie säbeln mit ihren Mandibeln die Haut auf und tupfen das austretende Blut auf. Das spürt man deutlich und schlägt zu.

Bei vielen Blutsaugern sind es nur die Weibchen, die zudringlich werden. Sie brauchen das nahrhafte Blut für die Entwicklung ihrer Eier. Die Männchen von Stechmücken oder Bremsen sind dagegen harmlose Pollen- und Nektarfresser. Den Verlust eines Blutströpfchens könnte man noch verschmerzen – viel problematischer sind die blutsaugenden Insekten als Überträger von Krankheiten, die von Einzellern, Bakterien oder Viren verursacht werden. Die tropisch-subtropische Stechmücke *Anopheles* transportiert so das gefährlichste Tier der Erde, das jedes Jahr nach dem offiziellen Bericht der Weltgesundheitsorganisation (WHO) eine Viertelmilliarde Menschen krank macht und über 600 000 davon das Leben kostet: den Einzeller *Plasmodium falciparum*, Erreger der Malaria tropica. Ein anderer Einzeller, *Trypanosoma*, verursacht die Schlafkrankheit. Überbringer ist hier die Tsetsefliege (*Glossina*). Chagaskrankheit, Flussblindheit, Dengue – eine Liste des Schreckens, die uns in der Gemäßigten Zone bis jetzt oft ziemlich kalt ließ, weil es zu kühl ist für die übertragenden Insekten. Sie können sich hierzulande nicht entwickeln, von der Malaria abgesehen, die mit einer von den Einzellern *Plasmodium vivax* und *P. ovale* hervorgerufenen mild verlaufenden Form (Malaria tertiana) bis in die erste Hälfte des 20. Jahrhunderts auch in Deutschland verbreitet war. Das könnte sich mit dem Klimawandel und der Globalisierung mancher Insektenarten ändern. „Tropenkrankheiten" werden sich weiter ausbreiten. Unter scharfer Beobachtung steht insbesondere die Tigermücke (*Aedes albopictus*), die aus Südostasien nach Europa eingeschleppt wurde und sich hier rasant ausbreitet. Sie kann verschiedene Vi-

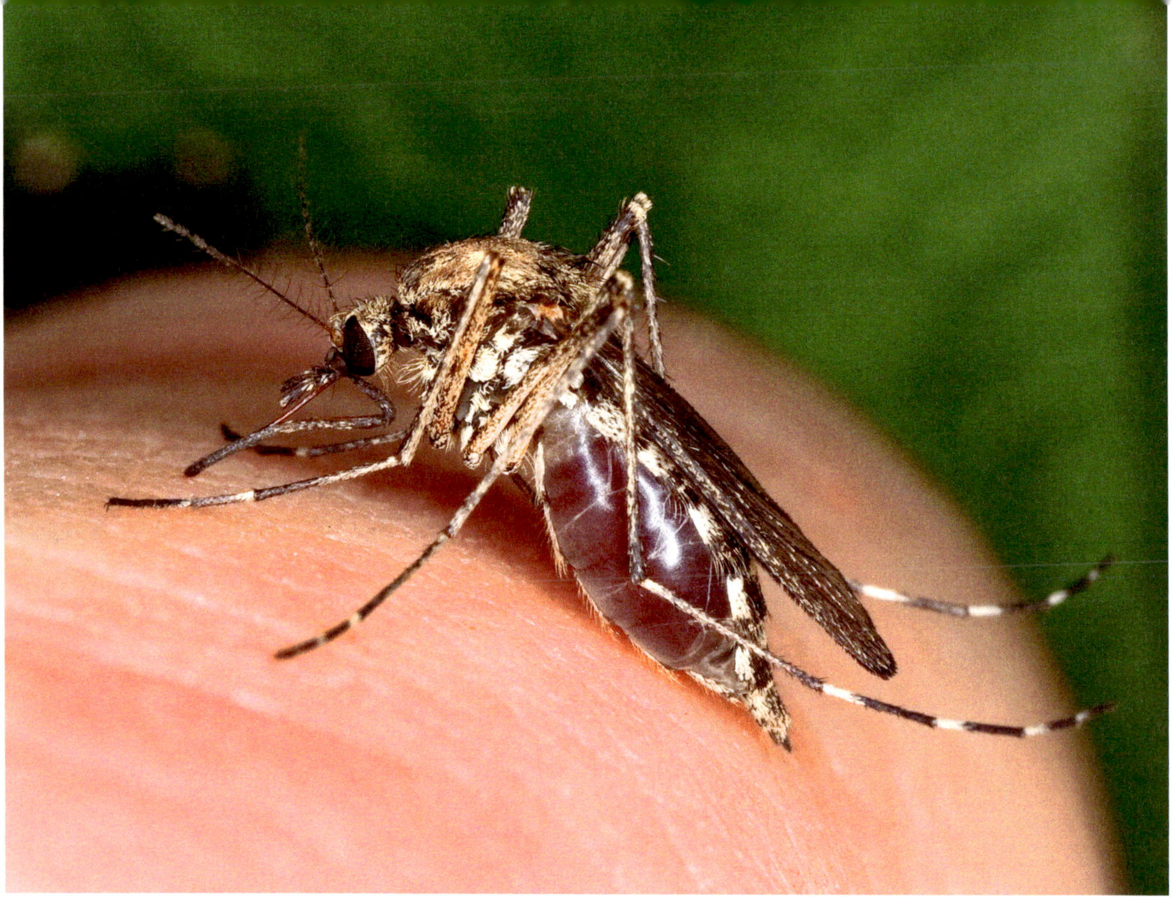

— Vollgesogen

Rot schimmert das Blut durch das prall gefüllte Abdomen dieser weiblichen Stechmücke (*Culex*). Gefährlicher als der Blutverlust sind die durch manche blutsaugenden Insektenarten übertragenen Krankheiten.

ren auf den Menschen übertragen, unter anderem den Erreger des Denguefiebers.

Dagegen muten die klassischen Endoparasiten unter den Insekten fast harmlos an. Dassel- oder Biesfliegen (Oestridae) sind auf verschiedene Huftiere spezialisiert. Manche von ihnen heften ihre Eier an deren Haare, andere fliegen gezielt die Köpfe an und schießen aus dem Flug Eier oder junge Larven in die Nasenlöcher ihrer Opfer. Diese spüren das Unheil oft schon kommen und geraten in Panik (sie „biesen"), was ihnen aber meist nicht viel hilft. Die südamerikanische Art *Dermatobia hominis* befällt (neben vielen anderen Wirten) auch Menschen. Die anderthalb Zentimeter großen Brummer könnten sich dem Menschen allerdings kaum unbemerkt nähern, und das haben sie auch nicht nötig. Anders als die verwandten Arten, die ihre Wirte so lange penetrant umschwirren, bis sie zur Eiablage oder zum Schuss kommen, bedient sich *Dermatobia* eines raffinierteren Tricks: Die Fliege schnappt sich im Flug ein kleineres Insekt, bevorzugt eine blutsaugende Art wie zum Beispiel eine Steckmücke oder eine Bremse; es kann aber auch eine harmlose Stubenfliege sein. Diesem klebt sie ihre Eier auf den Hinterleib und lässt es wieder flitzen. Sie verlässt sich darauf, dass die Eier von solchen Flugzeugen zuverlässig ans Ziel transportiert werden. In der Regel ist das ein Säugetier, egal ob Maus, Rind oder eben Mensch, seltener ein Vogel. Ausgelöst von der Körperwärme des Opfers schlüpfen die *Dermatobia*-Larven und wechseln auf den Wirt, wo sie sich über den Stichkanal des Überträgers oder auch daneben innerhalb weniger Minuten schmerzlos und deshalb unbemerkt in

— Parasitische Larven

Die Große Rinderdasselfliege (*Hypoderma bovis*) heftet ihre Eier an Haare, vor allem von Rindern. Die wenige Tage später schlüpfenden Larven bohren sich in die Haut und leben parasitisch.

die Haut bohren. In den nächsten Tagen fühlt sich das an wie ein juckender Pickel, später entwickelt sich eine dicker werdende Beule mit einer kleinen Öffnung, durch die sich die Larve mit Sauerstoff versorgt. Durch dieses Loch verlässt die Larve Wochen später ihren Wirt, um sich dann im Boden zu verpuppen.

Einen noch ungewöhnlicheren Lebenslauf haben die Fächerflügler (Strepsiptera). Gut untersucht ist vor allem *Xenos vesparum*, eine Art, die Feldwespen parasitiert, bei uns vor allem die Haus-Feldwespe (*Polistes dominula*). Die beste Chance, Fächerflügler zu entdecken, besteht darin, eine Feldwespe zu suchen, deren Hinterleibssegmente eigenartig abstehen. Dort ragen die stecknadelkopfgroßen Vorderkörper der Fächerflügler-Weibchen oder die leeren Puppenhüllen der Männchen heraus. Wie kommt es dazu? Das ist eine komplizierte Geschichte. Starten wir im Frühjahr, mit einer winzigen, halbmillimetergroßen Fächerflügler-Larve. Wenn sie Glück hat, wird sie schon auf einer Wespenwabe geboren. Oft aber sitzt sie auf einer Blüte und muss auf eine Nahrung suchende Feldwespe warten, an der sie sich festklammern kann. Im Flug geht es dann zur Wabe. Dort angekommen steigt die Larve ab und bohrt sich in eine Wespenlarve. In deren Innerem ernährt sie sich von Hämolymphe (S. 90) und entwickelt sich über mehrere Larvenstadien weiter. Wie der Parasit das Immunsystem des Wirts unterläuft, ist noch unklar. Die Metamorphose (S. 108) der Wespenlarve übersteht er jedenfalls unbeschadet. Die Fächerflügler gehören ebenfalls zu den holometabolen Insekten (S. 119). Die Männchen verhalten sich wie erwartet und verpuppen sich zum Abschluss ihrer Larvenzeit.

Vorher durchbohren sie die dünnen Membranen zwischen den Hinterleibssegmenten ihres Wirts, sodass sie später sofort ins Freie schlüpfen und losfliegen können. Ganz anders die Weibchen: Sie bleiben im Wirt und behalten ihre Larvenform, auch wenn sie geschlechtsreif werden. Eigentlich bestehen sie nur aus einem häutigen Sack, der Ei- und Fettzellen enthält und mit seinem sklerotisierten „Kopf" nach außen ragt. Der Parasit ernährt sich nicht nur von seinem Wirt, sondern übernimmt auch mehr und mehr die Kontrolle über sein Verhalten. Die Wespe wird zum Zombie. Unter dem Einfluss des Parasiten zieht sie sich immer stärker aus dem Sozialleben zurück. Statt sich wie alle Arbeiterinnen ihres kleinen Staates an der Versorgung der Larven mit Nahrung und Wasser zu beteiligen, sondert sie sich ab und trifft sich vermehrt mit ebenfalls parasitierten Artgenossinnen. Das ist wichtig für die Fächerflügler, denn die Männchen leben nach dem Schlüpfen nur wenige Stunden und müssen in dieser Zeit zu den Weibchen finden. Dabei helfen vom Weibchen abgegebene Pheromone. Die Männchen begatten die Weibchen an der einzigen von außen erreichbaren Stelle: direkt in den Kopf – eine traumatische Insemination, wie wir das auch von der Bettwanze (S. 146) kennen. Bei vielen Fächerflüglern läuft das wie bei der Bettwanze über eine eigens dafür vorgesehene Stelle.

— Verhängnisvolle Diagnose

Die abstehenden Rückenplatten des Hinterleibs verraten, dass diese Haus-Feldwespe (*Polistes dominula*) von Fächerflüglern parasitiert („stylopisiert") ist.

Bei *Xenos* wird der Penis in einen etwas verdickten und durch Resilin (S. 38) besonders elastischen Bereich zwischen Kopf und Rumpf gestochen. Die Spermien schwimmen frei durch die Hämolymphe zu den Eizellen; später bewegen sich auch die Larven frei im Inneren des Weibchens und ernähren sich von der Hämolymphe der Mutter – eine ziemlich skurrile Form von Schwangerschaft und angesichts tausender von Nachkommen ziemlich kräftezehrend. Die mütterliche Fürsorge endet mit der Geburt, und die ist ebenso bizarr wie die Zeugung: Die Larven verlassen die Mutter durch einen kleinen Brutspalt am herausragenden Kopf, sind also regelrechte Kopfgeburten. Und die Geschichte beginnt von vorn, im Sommer sitzt die nächste Generation von Fächerflügler-Larven auf den Blüten und wartet auf vorbeikommende Wespen. Die Sache hat aber einen Haken: Wie bei allen sozialen Wespen überleben auch bei den Feldwespen nur die Königinnen den Winter; die Arbeiterinnen sterben. Das aber wäre fatal für die Parasiten. Diese programmieren die infizierte Wespe deshalb so um, dass sie im Herbst nicht stirbt und stattdessen überwintert. Die Wirtin hat ihre Schuldigkeit schließlich erst getan, wenn sie im Frühjahr die nächste Generation Fächerflügler freigesetzt hat.

Von den Parasiten zu den Parasitoiden, den Arten, die den Tod der Wirte einplanen. Unter Insekten ist das eine weit verbreitete Lebensweise – Schätzungen gehen von mehr als 20 % aller Insektenarten aus. Die Zahl ist allerdings mit großen Unsicherheiten behaftet, weil viele Parasitoide zu den „dark taxa" (S. 15) gehören, über die wir noch viel zu wenig wissen. Parasitoide finden sich vor allem unter den Zweiflüglern (Diptera) und den Hautflüglern (Hymenoptera). Zu ersteren gehört die Raupenfliege *Ormia* (S. 161), zu letzteren die Holzwespen-Schlupfwespe (S. 96) und die Lagererzwespe (S. 97). Die meisten Parasitoide sind hoch spezialisiert; ihre Larven können sich nur in einer oder wenigen Arten von Wirten entwickeln. Dolchwespen (Scoliidae) legen ihre Eier zum Beispiel bevorzugt an die Larven (Engerlinge) von Blatthornkäfern und verwandten Gruppen. Larven von Parasi-

— Kopf-Penetration

Ein männlicher Fächerflügler (Strepsiptera) paart sich mit einem Weibchen, von dem lediglich der Kopf zwischen den Rückenplatten des Hinterleibs einer Wildbiene herausragt: eine traumatische Kopulation (S. 147).

— Manipulativ

Weibliche Fächerflügler (Strepsiptera) gleichen zeitlebens einer Larve, auch wenn sie geschlechtsreif werden. Im Gegensatz zum Männchen verlassen sie den Wirt nie. Die Parasiten leben nicht nur von ihrem Wirt, sondern verändern auch dessen Verhalten zu ihren Gunsten. Das Bild zeigt ein herauspräpariertes Tier.

toiden gehen bei der Nutzung ihrer Wirte höchst umsichtig vor, hängt doch ihr eigenes Überleben davon ab, dass dieser nicht frühzeitig ablebt. Sie verzehren ihren Wirt bei lebendigem Leib, verschonen aber dessen lebenswichtige Organe so lange, bis sie selbst vor der Verpuppung stehen.

Aber auch ein Parasitoid kann zum Opfer werden – durch einen Hyperparasitoiden! Der legt seine Eier an oder in eine parasitoide Larve, die sich in einem Wirt befindet. Das macht zum Beispiel die Gallwespe *Alloxysta victrix*. Findet sie eine parasitierte Blattlaus, hockt sie sich über diese, sticht mit dem Ovipositor (S. 96) durch die Blattlaus und legt ein Ei in deren Parasitoid. Die Gallwespenlarve schlüpft erst, wenn das Primärparasitoid die Blattlaus nach allen Regeln der Kunst ausgefressen und dadurch schließlich getötet hat. Jetzt wird ihm dasselbe Schicksal zuteil. Und damit ist immer noch nicht Schluss: Es gibt selbst Fälle von Hyper-Hyperparasitismus: Ein Wirt wird von einem Parasitoiden ausgefressen, der von einem Parasitoiden angegriffen wird, der wiederum Opfer eines Parasitoiden wird – man fühlt sich stark an eine Matroschka-Puppe erinnert!

Allerdings: Eine Spielerei der Natur sind solche Nahrungsbeziehungen nicht. Parasitoide gehören zu den wichtigsten Gegenspielern vieler Insektenarten und haben deshalb eine enorme ökologische Bedeutung bei der Regulation von Populationen. Das

— Parasitoide

Parasitoide Insekten finden sich vor allem unter den Zweiflüglern (Diptera) und den Hautflüglern (Hymenoptera). Zu letzteren gehört diese winzige Erzwespe aus der Familie Perilampidae.

kommt auch uns zugute, sei es in Getreidespeichern, wo die Lagererzwespen zur Verteidigung unserer Vorräte gegen Kornkäfer eingesetzt werden, sei es in freier Wildbahn, wo parasitoide Fliegen und Hautflügler verhindern, dass gefräßige Schmetterlingsraupen ganze Wälder kahlfressen.

RECYCLER

Der natürliche Feind aller Insektensammler ist – ein Insekt. Der Museumskäfer (*Anthrenus museorum*) hat sich auf eine Nahrungsquelle spezialisiert, die ihm kaum einer streitig macht: Er frisst Keratin, also zum Beispiel Tierhaare, und Chitin (S. 36), also den Panzer von Insekten. Damit steht er in der Natur ganz am Ende der Nahrungskette. Vor ihm haben sich schon viele andere Recycler wie der Totengräber (S. 123) oder Schmeißfliegen bedient. Leider hat der Museumskäfer keinerlei Respekt vor wissenschaftlichen Sammlungen, was schon Linné bei seiner Erstbeschreibung im Jahr 1761 mit Unbehagen vermerkte: „habitat in museis, quae destruit" (wohnt in Museen, die er zerstört). Insektensammlungen müssen deshalb regelmäßig auf einen Befall mit den drei Millimeter kleinen Käfern und vor allem deren stark behaarten Larven untersucht werden. Zum Schutz vor Museumskäfern wurden früher großzügig Gifte eingesetzt, die aber auch denen nicht guttun, die in und mit diesen Sammlungen arbeiten. Deshalb baut man heute lieber auf intensive Kontrolle und gezielte Bekämpfung durch Stickstoff oder Einfrieren einzelner Sammlungskästen.

Auch am Recycling pflanzlicher Reste sind Insekten intensiv beteiligt. In der obersten Bodenschicht, der Streu, benagen winzige Springschwänze abgefallene Blätter. Zusammen mit vielen Larven vor allem von Zweiflüglern (Diptera) tragen sie zur Bodenbildung

— Alarmstufe gelb

So harmlos kommt der Horror einher: Obwohl die nur drei Millimeter großen Wollkrautblütenkäfer (*Anthrenus verbasci*) ebenso wie die nahe verwandten Museums- oder Kabinettkäfer (*Anthrenus museorum*) Pollen und Nektar fressen, läuten die Alarmglocken, wenn sie in biologischen Sammlungen entdeckt werden.

— Alarmstufe rot

Die durch ihre Borsten sehr charakteristischen Larven von Wollkrautblüten- und Museumskäfern fressen Keratin und Chitin. Bei starkem Befall verarbeiten sie wertvolle Insektensammlungen in kurzer Zeit zu Krümeln.

— **Recycler**

Insekten wie dieser winzige, zu den Springschwänzen gehörende Kugelspringer (Collembola, Familie Sminthuridae) spielen eine große Rolle bei der Aufarbeitung organischen Materials im Boden.

— **Totholz**

Vor wenigen Jahren war das Holz dieser Hainbuche noch härter und schwerer als das der Eiche. Abgestorben wurde es zum Lebensraum vieler spezialisierter Insekten und durch deren Arbeit innerhalb weniger Jahre porös und leicht.

bei, der Basis der Fruchtbarkeit und damit auch unseres eigenen Wohlergehens. Am Meeresstrand verarbeiten Myriaden von Tangfliegenlarven die im Spülsaum verrottenden Algen und versorgen ihrerseits Strandläufer, Regenpfeifer und Singvögel mit Nahrung.

Xylobionte, also holzbewohnende, Insekten stehen oft an der Grenze zwischen Leben und Tod. Viele Arten interessieren sich schon für stark geschwächte Bäume und beschleunigen dadurch unter Umständen auch deren Ableben. Im Falle der Borkenkäfer (S. 173) ist das ein Politikum, weil sie gerne über Fichten herfallen. Dieser Nadelbaum wurde über lange Zeit aus wirtschaftlichen Gründen in großem Maßstab auch abseits seiner natürlichen Vorkommen in den Hochlagen der Mittelgebirge angebaut und gerät zunehmend unter Klimastress – ein gefundenes Fressen für die Käfer. Abgesehen davon ist Totholz einer der wichtigsten Schlüssel zur Bewahrung der Biodiversität von Wäldern. Viele unserer prächtigsten Käfer – vom Hirschkäfer (S. 133) bis zu den Bockkäfern – tunneln sich als Larve durch abgestorbenes Holz und schaffen so Wohn- und Nahrungsmöglichkeiten für unzählige Nachfolger bis hin zu den Spechten. Moderne Forstwirtschaft setzt deshalb nicht mehr auf ordentlich aufgeräumte Wälder, sondern lässt einen Teil des absterbenden und toten Holzes stehen oder liegen.

Mit dem Holz gelangen xylobionte Insekten gelegentlich auch ins Haus. Mein eindrücklichstes Erlebnis hatte ich nach dem Einbau einiger dickerer Balken für eine Zimmerwand. Später ertönten dort immer wieder geheimnisvolle nagende Geräusche. Erst ein ganzes Jahr später wurde der Urheber offenbar, als

1 — Flaggschiffart

Der seltene Alpenbock (*Rosalia alpina*) entwickelt sich in alten Buchen. Das Vorkommen des auf europäischer Ebene geschützten Käfers ist ein Indikator für hochwertige Wald-Lebensräume.

2 — Durch weiches Holz I

Die Besiedelung und der Abbau von Holz durch Insekten – Imagines und Larven – erfolgt regelhaft. Während sich die Larven von Riesenholzwespen und Bockkäfer durch hartes Holz fressen können, folgen viele Zweiflügler wie die Larven der Schwebfliege *Temnostoma bombylans* erst Jahre später, wenn das Holz bereits mulmig-weich ist.

3 — Durch hartes Holz

Die Riesenholzwespe (*Urocerus gigas*) legt ihre Eier tief ins Holz von Bäumen, vorzugsweise Fichten und Tannen. Die Larven fressen sich durch das von Pilzen aufbereitete Holz.

4 — Durch weiches Holz II

Die Larve der Schwebfliege *Chalcosyrphus valgus* lebt in nassem und schon stark zersetztem Holz. Die Made hat kleine „Beinchen", die bei der Fortbewegung helfen, und zwei harte Häkchen am Kopf, mit denen sie sich verankern kann. Das Atemrohr sitzt am Körperende; davon ausgehend durchziehen silbrige Tracheen den ganzen Körper.

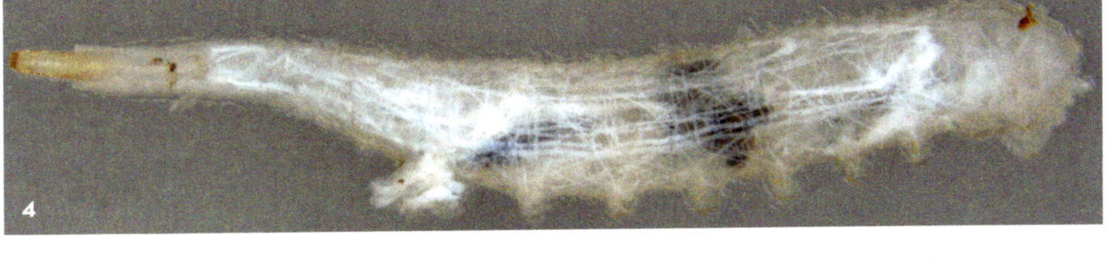

— **Holzwurm I**

Nicht alles, was „Wurm" heißt, ist auch einer. Der Holzwurm ist die Larve des Gemeinen Nagekäfers (*Anobium punctatum*).

— **Holzwurm II**

Die Seitenwange der hunderte von Jahren alten „Wartebank" im Kloster Inzigkofen bei Sigmaringen. Hier saß und wartete, wer eine der Nonnen sprechen wollte, die dann hinter einer vergitterten Öffnung erschien. Fleißig waren indes die Käferlarven. Jedes Loch steht für einen Käfer, der das Holz nach zwei bis vier Jahren Larven-Dasein und einer mehrwöchigen Puppenruhe verlassen hat.

mehrere frisch geschlüpfte Riesenholzwespen (*Urocerus gigas*) durchs Zimmer schwirrten, mit 4 cm Länge wahre Giganten der heimischen Insektenwelt. Neuer Befall in den nun trockenen Balken ist bei dieser Art nicht zu befürchten, anders als bei den Termiten, die in den Tropen dadurch enormen wirtschaftlichen Schaden verursachen. Bei uns schafft es nur die Larve des Hausbocks (*Hylotrupes bajulus*), eines bis knapp 3 cm großen Käfers, die Stabilität von Holzkonstruktionen zu beeinträchtigen. Sein Vorkommen ist deshalb in vielen Bundesländern meldepflichtig. Wenn der „Holzwurm", die Larve des Gemeinen Nagekäfers (*Anobium punctatum*) zuschlägt, muss man dagegen keinen Einsturz befürchten. Allerdings macht er auch vor Antiquitäten nicht halt und kann so Werte vernichten. Seine Anwesenheit macht sich durch millimetergroße Löcher bemerkbar, durch die die Imagines das Holz verlassen haben. Ein naher Verwandter ist der Gescheckte Nagekäfer (*Xestobium rufovillosum*), im Volksmund „Totenuhr" genannt. Diese tickt, wenn der Käfer im Holz mit seinem harten Kopfschild gegen die Wand klopft, um Weibchen auf sich aufmerksam zu machen.

Nichts ist sicher: Das steht als Überschrift über diesem Kapitel und als Fazit am Ende. Sicher ist dagegen, dass Insekten überall ihre Finger – pardon: ihre Tarsen – drin haben. Wenn Sie am Ende Ihrer Lektüre entgegen allen Erwartungen immer noch kein Insektenfan sind, bleibt nur die Flucht aufs offene Meer. Das ist die einzige wirklich insektenfreie Zone auf diesem Planeten. Obwohl: Selbst hier kann es geschehen, dass einer der Weitwanderer unter den Insekten dieselbe Idee hatte. Schließlich überqueren winzige Schwebfliegen aus Europa regelmäßig das Mittelmeer und der amerikanische Monarchfalter hat es sogar über den Atlantik geschafft!

Bildnachweis

Aron Bellersheim: 6 Bilder (13, 45, 91, 180, 193r, 202); **Heiko Bellmann/Frank Hecker:** 48 Bilder (7, 20, 22, 30, 35, 40, 43, 66/67, 73, 74u, 76, 79u, 81, 82, 85, 87, 92/93, 98/99, 104, 105, 108l, 108r, 111lo, 111rm, 111lm, 118, 121, 125, 126l, 136, 140, 162/163, 171, 181, 182, 183, 190, 191o, 191u, 193l, 195u, 196r, 201o, 201u, 203l, 203r, 205lm, 205lo); **Blickwinkel über Hecker/Helwig:** 1 Bild (144/145); **Blickwinkel über Hecker/Teigler:** 1 Bild (142); **Blickwinkel über Hecker/Varesvuo:** 1 Bild (60); **Steffen Bregenzer:** 1 Bild (206u); **Wolfgang Buchhorn/Frank Hecker:** 1 Bild (48); **Gerstenberg-Verlag:** 1 Bild (112); **Roland Halbe:** 1Bild (84); **KIT (Thomas van de Kamp):** 1 Bild (37); Frank Hecker: 69 Bilder (7, 14/15, 26o, 26lu, 32, 33, 36, 39, 46, 51, 55, 56, 62/63, 67, 71, 72, 74o, 77, 79o, 80, 83, 86, 89o, 97, 100, 109ro, 111ro, 111u, 113, 119, 122, 123o, 123u, 124, 126r, 128, 130/131, 133, 134, 135, 137, 138, 139, 148, 149, 151, 154, 156/157, 167, 169, 172/173, 174, 175, 176l, 176r, 178, 179, 184, 187u, 188o, 188u, 189o, 189m, 189u, 194u, 195o, 196lo, 196lu, 198); Frank Hecker (Fossil and Mo-Clay Museum, Nykøbing Mors): 1 Bild (102o); Protasov AN/Shutterstock: 1Bild (186); Frieder Sauer/Frank Hecker: 3 Bilder (16, 152, 199); **Ulrich Schmid:** 30 Bilder (4, 10, 11, 12, 17, 23, 24, 25, 26ru, 29o, 29u, 54, 57, 58, 59, 106, 109lo, 109lu, 110, 153, 165, 177, 181l, 187o, 194l, 194r, 200, 204r, 205ro, 205ru); **Anna Schroll:** 1 Bild (192o); **Science Photo Library/EYE OF SCIENCE:** 1 Bild (52/53); Staatliches Museum für Naturkunde Stuttgart (**SMNS):** Insgesamt 13 Bilder: Archiv SMNS: 1 Bild (8); Aron Bellersheim: 8 Bilder (8, 19ro, 19ru, 34, 49, 65, 103o, 103u); Milan Pallmann: 1 Bild (102u); Hossein Rajaei: 1 Bild (94); Johannes Reibniz, Julia Bergener: 1 Bild (8); Dominic Wanke: 1 Bild (50); **Manfred Ulitzka:** 1 Bild (89); **Wikimedia Commons/Creative Commons:** Insgesamt 16 Bilder: Tragopogon, CC BY-SA 3.0, 1 Bild (18); Motohiro Sunochi, CC BY 2.0, 1 Bild (19l); Gilles San Martin from Namur, Belgium, CC BY-SA 2.0: 1 Bild (28); Didier Descouens, CC BY-SA 4.0: 1 Bild (44); Wellcome Collection CC BY 4.0: 1 Bild (114); Maria Sibylla Merian, Public domain: 1 Bild (116); Creative Commons CC0: 1 Bild (127); Katja Schulz, CC BY 2.0: 1 Bild (143); Rickard Ignell, Swedish University of Agricultural Sciences, CC BY-SA 1.0: 1 Bild (147); Donkey shot (C. Bobzin), CC BY 3.0: 1 Bild (158/159); Jpaur, CC BY-SA 3.0: 1 Bild (161); Udo Schmidt from Deutschland, CC BY-CA 2.0: 1 Bild (166); Frank Vassen from Brussels, Belgium, CC BY 2.0: 1 Bild (181); Daniel Schwen, CC BY-SA 4.0: 1 Bild (192); Tim Evison, Denmark aka tpe, CC BY-SA 3.0: 1 Bild (204l); Siga, CC BY-SA 3.0: 1 Bild (206o); Abbbildung des Biene Maja Covers (7) mit freundlicher Genehmigung vom Ravensburger Buchverlag; das Autorenfoto auf der Umschlagrückseite stammt von Jakob Schmid; Illustration (69) Kay Elzner.

Meinen Kolleginnen und Kollegen Aron Bellersheim, Julia Bergener, Milan Pallmann, Dr. Hossein Rajai, Johannes Reibniz und Dominic Wanke vom Staatlichen Museum für Naturkunde Stuttgart danke ich ebenso für die Anfertigung und Überlassung von Bildmaterial wie Steffen Bregenzer (Inzigkofen) und Dr. Thomas van de Kamp (KIT Karlsruhe).

Quellen

Die eingeflochtenen Zitate von Jean-Henri Fabre stammen aus der im Verlag Matthes & Seitz (Berlin) erschienenen zehnbändigen Gesamtausgabe „Erinnerungen eines Insektenforschers" (2009–2020).
Alle weiteren Quellen auf kosmos.de/de/insekten-heimlicheherrscher

Impressum

Umschlaggestaltung von Jorge Schmidt unter Verwendung eines Farbfotos von Protasov AN / Shutterstock (auch S. 186)

Mit 197 Fotos und einer Illustration

Alle Angaben in diesem Buch erfolgen nach bestem Wissen und Gewissen. Sorgfalt bei der Umsetzung ist indes dennoch geboten. Der Verlag und der Autor übernehmen keinerlei Haftung für Personen-, Sach- oder Vermögensschäden, die aus der Anwendung der vorgestellten Materialien, Methoden oder Informationen entstehen könnten.

Unser gesamtes Programm finden Sie unter **kosmos.de**.
Über Neuigkeiten informieren Sie regelmäßig unsere Newsletter, einfach anmelden unter **kosmos.de/newsletter**

Gedruckt auf chlorfrei gebleichtem Papier

ISBN 978-3-440-17608-5
Redaktion: Ben Boden
Gestaltung und Satz: Eva Mokhlis, Swabianmedia, Stuttgart
Produktion: Markus Schärtlein
Druck und Bindung: Aprinta Druck, Wemding
Printed in Germany/Imprimé en Allemagne

FSC
www.fsc.org
MIX
Papier | Fördert gute Waldnutzung
FSC® C004592